FORSCHUNGSBERICHTE
DES LANDES NORDRHEIN-WESTFALEN

Herausgegeben durch das Kultusministerium

Nr. 898

Prof. Dr.-Ing. Herwart Opitz
Dipl.-Ing. Herbert de Jong

Laboratorium für Werkzeugmaschinen an der Technischen Hochschule Aachen

Untersuchung von Zahnradgetrieben und Zahnradbearbeitungsmaschinen in Zusammenarbeit mit der Industrie

Als Manuskript gedruckt

SPRINGER FACHMEDIEN WIESBADEN GMBH

ISBN 978-3-663-03809-2   ISBN 978-3-663-04998-2 (eBook)
DOI 10.1007/978-3-663-04998-2

Gliederung

1. Einleitung .... S.   5
2. Geräuschversuche an Zahnradgetrieben .... S.   5
   2.1 Geräuschuntersuchungen an Großgetrieben .... S.   6
   2.2 Grundlagenversuche am Geräuschprüfstand .... S. 21
       2.31 Versuchsanlage .... S. 22
       2.32 Meßgeräte .... S. 26
       2.33 Schwingungsverhalten des Geräuschprüfstandes .. S. 28
       2.34 Untersuchungen über Drehfehler an Modellrädern . S. 36
       2.35 Die Auswirkung des Läppens auf das Laufverhalten
            gefräster Zahnräder .... S. 40
       2.36 Ergebnisse über das Geräuschverhalten
            feinbearbeiteter Zahnräder .... S. 52
3. Zusammenfassung .... S. 57
   Literaturverzeichnis .... S. 58

1. Einleitung

Das Laufverhalten von Zahnradgetrieben hängt von zahlreichen Einflußgrößen ab, die sich teils auf das benutzte Verzahnungsverfahren bzw. auf die Genauigkeit der Verzahnmaschine, teils auf die Art und die Genauigkeit des Verzahnungswerkzeuges zurückführen lassen. Ferner spielen das Schwingungsverhalten des Getriebegehäuses, die Akustik des Raumes, in dem das Getriebe läuft u.a., eine nicht unerhebliche Rolle.

In den nachstehenden Ausführungen wird von Geräuschmessungen berichtet, bei denen sich Erregerursachen für das Zahnradgeräusch auf Fehler im Getriebezug der Verzahnmaschine, und zwar speziell der Wälzfräsmaschine, zurückführen lassen. Die Geräuschuntersuchungen laufen im Rahmen eines umfangreichen Forschungsprogrammes an Zahnrädern und Verzahnmaschinen, das im Institut für Werkzeugmaschinen und Betriebslehre der Rheinisch-Westfälischen Technischen Hochschule Aachen durchgeführt wird.

2. Geräuschversuche an Zahnradgetrieben

Auf einer Wälzfräsmaschine ergeben sich mehrere Fehlerquellen, die sich auf die Verzahnung auswirken und wie folgt zusammenfassen lassen:

    a) Fehler im Verzahnungswerkzeug bzw. dessen Einspannung
    b) Fehler im Werkstück bzw. in der Werkstückaufspannung
    c) Fehler in der Wälzbewegung zwischen Fräser- und erzeugtem Zahnprofil.

Die Betrachtungen beschränken sich auf Drehfehler in der Wälzbewegung, und zwar speziell auf solche Drehfehler, die im Tischantrieb der Wälzfräsmaschine liegen. Streng genommen, erzeugen diejenigen Drehfehler Verzahnungsfehler, und zwar Flankenformfehler, die relativ zwischen Frässpindel und Frästisch, d.h. zwischen erzeugendem Fräser- und erzeugtem Zahnprofil auftreten. Drehfehler der Fräserwelle werden in ihrer Auswirkung jedoch entsprechend der Fräsersteigung, also im allgemeinen etwa 1 : 15 bis 1 : 20, reduziert, liegen demnach eine Größenordnung niedriger als die des Tisches und sind für die Fehlergröße am gefrästen Zahnrad von entsprechend geringerer Bedeutung, was wiederholt durch Messungen bestätigt werden konnte.

Die Geräuschmessungen wurden sowohl an fertig installierten Getrieben als auch in Form von Grundlagenversuchen mit Versuchsrädern in einem speziellen Geräuschprüfstand durchgeführt. Die Probleme, die sich bei Messungen in der Praxis ergaben, dienten zur Orientierung der Grundlagenversuche.

2.1 Geräuschuntersuchungen an Großgetrieben

Im Rahmen des Forschungsprogrammes konnten mehrere, in der Praxis installierte Großgetriebe auf ihr Laufverhalten untersucht werden. Hierbei handelte es sich um Getriebe mit teils sehr unterschiedlichen Leistungen und Anordnungen, so daß ein unmittelbarer Vergleich des Laufverhaltens dieser Getriebe untereinander nicht ohne weiteres zulässig ist. Die gezeigten Beispiele sollen vielmehr Zusammenhänge zwischen dem Geräusch des Zahnradgetriebes und dem Antrieb der Verzahnmaschine, auf der die Getrieberäder gefräst wurden, beleuchten.

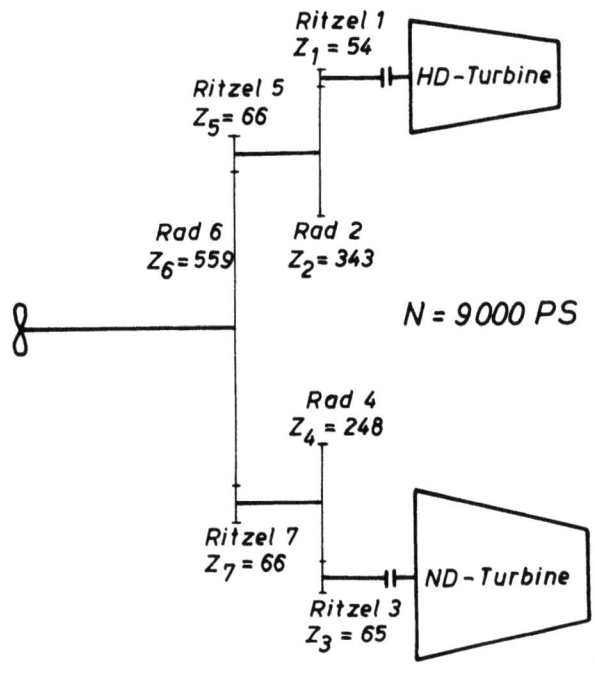

Abbildung 1
Schiffs-Turbogetriebe; N = 9000 PS

Während der Probefahrt eines Schiffes wurden am Hauptgetriebe Geräuschmessungen durchgeführt. Abbildung 1 zeigt schematisch den Aufbau des Schiffsgetriebes, eines zweistufigen Schiffs-Turbogetriebes für eine zu übertragende Leistung von 9000 PS. Eine Hochdruck- und Niederdruckturbine treiben je über eine Zwischenwelle die Schiffsschraubenwelle an.

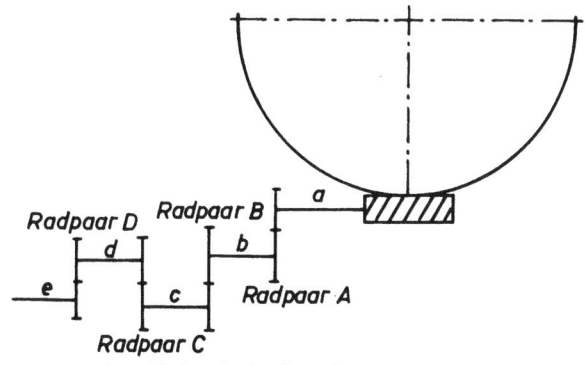

Drehzahl der Teilschnecke

gegenüber Teilschneckenrad: 299:1
gegenüber Welle a: 1:1
gegenüber Welle b: 1:1,174
gegenüber Welle c: 1:1,381
gegenüber Welle d: 1:1,409
gegenüber Welle e: 1:1,625

A b b i l d u n g 2
Tischantrieb einer Wälzfräsmaschine

Das mit 6 bezeichnete Rad wurde auf einer Wälzfräsmaschine gefräst, deren schematischer Tischantrieb aus Abbildung 2 zu entnehmen ist. Beim Fräsen der übrigen Räder bzw. Ritzel fanden andere Wälzfräsmaschinen Verwendung, auf deren Betrachtung verzichtet werden kann, da sich diese Räder bzw. Ritzel auf das Laufverhalten des Getriebes als von untergeordneter Bedeutung im Vergleich mit Rad 6 erwiesen.

Während des Fräsens des Rades 6 wurden mit einem im Institut für Werkzeugmaschinen und Betriebslehre der Technischen Hochschule Aachen entwickelten Drehfehlermeßgerät die auf der Planscheibe auftretenden Drehfehler gemessen, Abbildung 3. Das Drehfehlermeßgerät arbeitet nach dem Prinzip eines seismischen Schwingungsaufnehmers. Nähere Einzelheiten über Entwicklung, Anwendungsbereich, Vor- und Nachteile gegenüber bereits vorhandenen Drehfehlermeßgeräten können Veröffentlichungen (1) entnommen werden. Aus Abbildung 3 geht jedoch unmittelbar ein erheblicher Vorteil der Geräte hervor, der sich bei ihrem praktischen Einsatz ergibt. Sie lassen sich bei laufender Maschine, und zwar während der Bearbeitung ohne vorheriges Ausrichten beliebig auf dem zu fräsenden Rad bzw. unmittelbar auf der Planscheibe anordnen.

Abbildung 4 zeigt vier Drehfehlerschriebe, die in zeitlichen Abständen von etwa 5 Minuten beim Schlichten von Rad 6 aufgenommen wurden. Die Auswertung der Schriebe durch bloßes Auszählen erweist sich für ge-

Abbildung 3

Drehfehlermessungen beim Fräsen eines Getrieberades

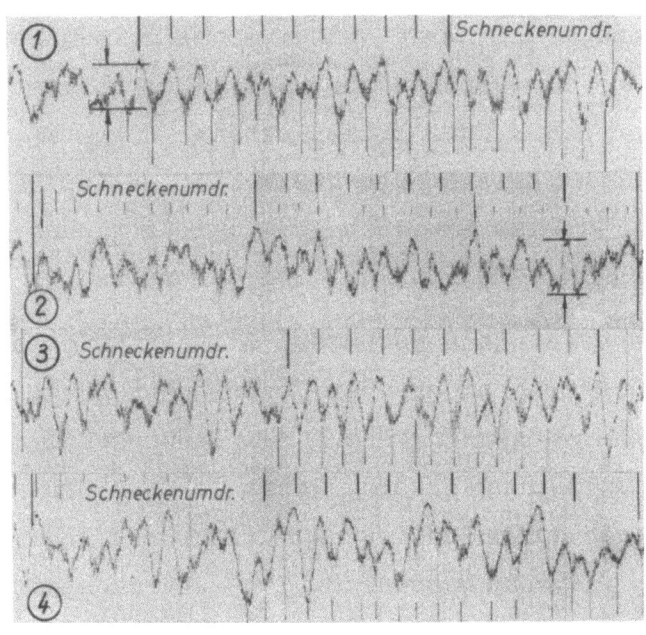

Abbildung 4

Drehfehlermessungen im Schlichtschnitt

nauere Untersuchungen als unzureichend. Aus der Form der Kurven läßt sich jedoch vermuten, daß der gemessene Drehfehler durch Überlagerung mehrerer Fehler entsteht. Mit Hilfe eines MADER-OTT-Analysators wurden die vier Schriebe mechanisch analysiert und die ermittelten Fourierkoeffizienten gemittelt. Die Ergebnisse sind in Abbildung 5 zusammengestellt.

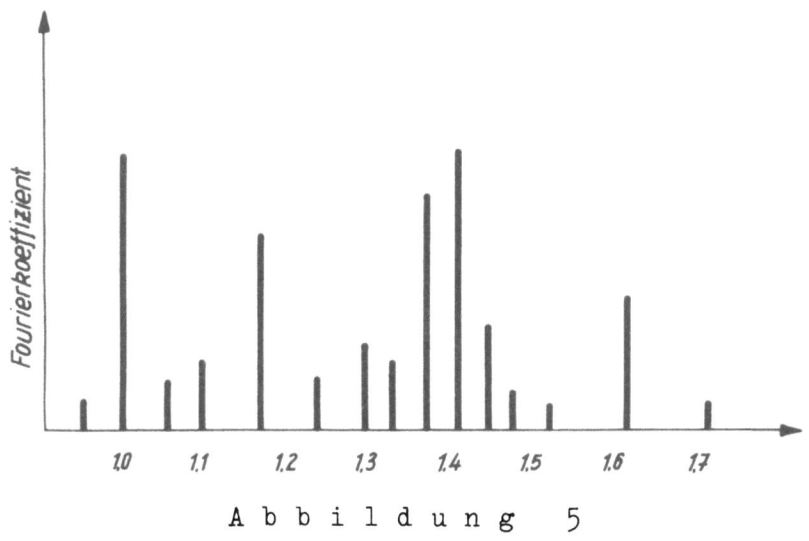

Abbildung 5
Fourieranalyse nach MADER-OTT

Bei einem Vergleich mit Abbildung 2 erkennt man sofort, daß in den Drehfehlerschrieben Fourierkoeffizienten enthalten sind, die den Übersetzungen der Wellen a bis e im Tischantrieb der Wälzfräsmaschine entsprechen.

Während der Probefahrt des Schiffes wurden bei verschiedenen Fahrtstufen und an unterschiedlichen Meßstellen Körper- und Luftschallaufnahmen durchgeführt, die sämtlich die grundsätzlich gleiche Tendenz erkennen lassen. Abbildung 6 zeigt als Beispiel ein Körperschallspektrum in logarithmischem Amplituden-Maßstab, bei dessen Aufnahme der Körperschallaufnehmer oberhalb von Rad 6 auf der Getriebeoberseite angeordnet war und die Drehzahl der Schiffsschraubenwelle $n_s = 112,5 \text{ min}^{-1}$ betrug. Der im Maschinenraum gemessene Luftschallsummenpegel lag bei dieser Drehzahl je nach Mikrophonstandort zwischen 110 und 115 db.

Das Spektrum wird im wesentlichen durch Teiltöne bestimmt, deren Frequenzen zwischen 500 und 1300 Hz liegen. Aus den Drehzahl- und Übersetzungsverhältnissen des Getriebes folgt unmittelbar, daß es sich hierbei offensichtlich um Teiltöne handelt, die von Rad 6 abgestrahlt werden. Oberhalb 3 kHz lassen sich keine, das Geräusch charakterisierende Teiltonamplituden mehr nachweisen.

Bevor eine Erläuterung der verschiedenen Spektren erfolgt, sei die Kennzeichnung der verschiedenen Teiltöne in den Spektren erklärt.

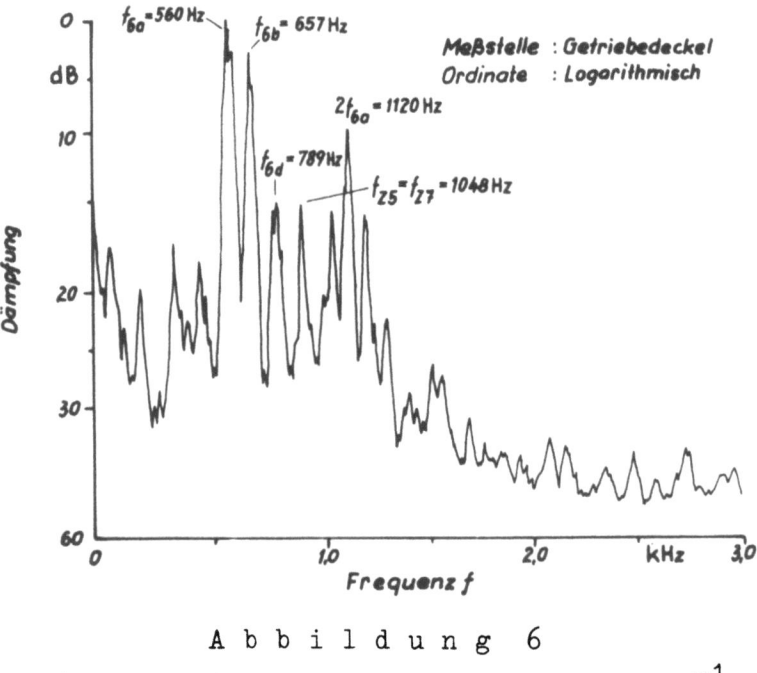

Abbildung 6
Körperschallspektrum bei $n_s = 112,5$ min^{-1}

Im Getriebeplan des betrachteten Getriebes werden Ritzel und Räder fortlaufend in Kraftflußrichtung numeriert (vergleiche Abbildung 1). Auf diese Weise werden alle Ritzel mit ungeraden, alle Räder mit geraden Zahlen beziffert. Im Getriebeplan der Verzahnmaschine werden die einzelnen Getriebewellen, ausgehend von der Schneckenwelle, mit kleinen Buchstaben gekennzeichnet.

Die Drehfrequenz einer Getriebewelle berechnet sich bekanntlich nach (1) zu

$$f_n = \frac{n}{60} \text{ Hz}. \tag{1}$$

Hierin bedeutet n die Drehzahl der betrachteten Welle in min^{-1}. Bei mehrwelligen Anlagen kennzeichnet eine Zahl hinter dem Index n die jeweilige Welle, um deren Frequenz es sich handelt. Diese Zahl ist stets die des Ritzels, das auf der jeweiligen Welle sitzt. Sind mehrere Ritzel auf einer Welle angeordnet, so wird die Zahl des ersten Ritzels im Sinne des Kraftflusses gewählt. Entsprechend obiger Vereinbarung über die Bezifferung von Ritzeln und Rädern können bei f_n nur ungerade Zahlen als Index auftreten. Für Teiltöne, die mit der Zahneingriffsfrequenz abgestrahlt werden, gelten die Beziehungen (2a) und (2b):

$$f_{z_{Ri}} = \frac{n_{Ri} \cdot z_{Ri}}{60} \tag{2a}$$

oder

$$f_{z_{Ra}} = \frac{n_{Ra} \cdot z_{Ra}}{60}. \tag{2b}$$

Wegen

$$n_{Ra} = \frac{z_{Ri}}{z_{Ra}} \cdot n_{Ri} \tag{2c}$$

folgt, daß

$$f_{z_{Ri}} = f_{z_{Ra}} = f_z$$

ist. Die Zahneingriffsfrequenz des Ritzels ist demnach gleich der des Rades. Bei Anlagen mit mehreren Radpaaren wird hinter den Index z noch eine Zahl gesetzt, die sich verabredungsgemäß auf das Ritzel des jeweiligen Radpaares beziehen soll, um dessen Zahneingriffsfrequenz es sich handelt. Diese Zahl kann gemäß der Festlegung im Getriebe (siehe Abb.1) nur eine ungerade sein.

Die Frequenzen der Teiltöne, die durch Flankenformfehler der Verzahnung von Ritzel und Rad erregt werden - "Maschinenfrequenzen" genannt - und sich auf Fehler im Tischantrieb der Wälzfräsmaschine zurückführen lassen, können nach Formel (3) berechnet werden:

$$f = \frac{i \cdot n}{60}. \tag{3}$$

Hierbei bedeuten:

i - Gesamtübersetzung einer Zwischenwelle, bezogen auf das Teilschneckenrad der Wälzfräsmaschine, auf der das Ritzel oder Rad gefräst wurde;

n - Drehzahl des Ritzels oder Rades im Zahnradgetriebe.

Zur Kennzeichnung dieser Frequenzen dienen zwei Indizes: eine Zahl und ein Buchstabe. Die Zahl folgt wieder aus dem Getriebeplan des betrachteten Getriebes und gibt das Ritzel bzw. Rad an, das den Teilton dieser Frequenz abstrahlt; der Buchstabe ergibt sich aus dem Getriebeplan der Wälzfräsmaschine und bezeichnet die Welle, deren Übersetzung - bezogen auf das Teilschneckenrad - sich die Frequenz des Teiltones zuordnen läßt. Bildet man nun für verschiedene Frequenzen wie in Abbildung 6 die Verhältnisse $f_{6b} : f_{6a}; f_{6c} : f_{6a}$ usw., so ergeben sich Werte, die den Übersetzungen der Wellen a bis e im Tischantrieb der in

Abbildung 2 schematisch gezeigten Wälzfräsmaschine entsprechen. So ist z.B.

$$f_{6b} : f_{6a} = 657 \text{ Hz} : 560 \text{ Hz} = 1,174;$$
$$f_{6d} : f_{6a} = 789 \text{ Hz} : 560 \text{ Hz} = 1,409;$$
$$f_{6e} : f_{6a} = 910 \text{ Hz} : 560 \text{ Hz} = 1,625.$$

Bei einer genauen Maschinenuntersuchung im Anschluß an die Drehfehlermessungen ließen sich insbesondere die in Abbildung 2 mit Radpaar B und C bezeichneten Getrieberäder als Hauptfehlerquellen lokalisieren.

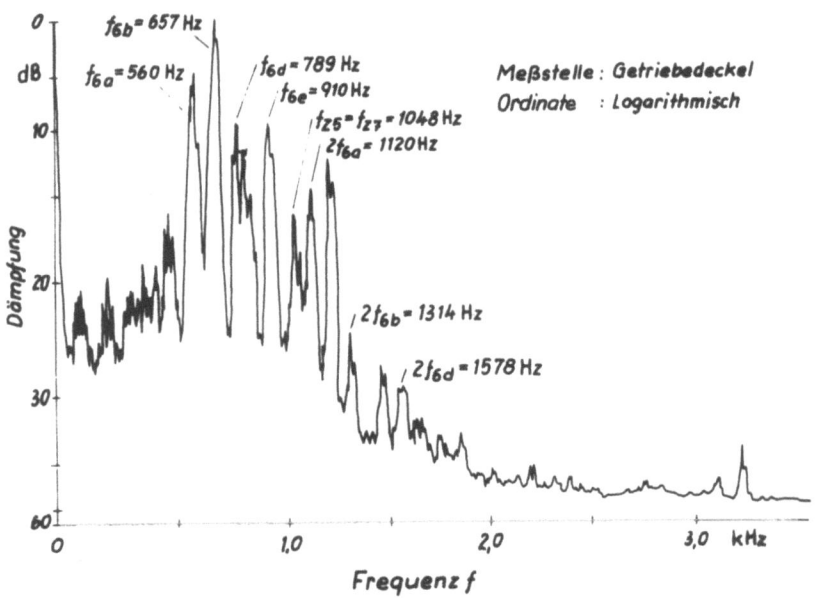

A b b i l d u n g 7
Luftschallspektrum bei $n_s = 112,5 \text{ min}^{-1}$

Abbildung 7 zeigt eine entsprechende Luftschallanalyse, bei deren Aufnahme sich das Mikrofon 5 m über dem Getriebe befand. Abgesehen von Unterschieden in der Amplitude einzelner Teiltöne ergeben sich die gleichen Frequenzen wie im Körperschallspektrum.

Fehler im Tischantrieb der Wälzfräsmaschinen wirken sich demnach als Verzahnungsfehler aus, die bestimmte Teiltöne im Laufgeräusch des Zahnrades anregen. Bemerkenswert an diesem Getriebe war, daß sowohl im Körper- als auch Luftschallspektrum die mit der Zahneingriffsfrequenz abgestrahlten Teiltöne von untergeordneter Bedeutung gegenüber denjenigen waren, die durch von der Verzahnmaschine herrührende Fehler erregt wurden.

Prinzipiell ließen sich die Fehler der gleichen Wälzfräsmaschine bei späteren Geräuschmessungen an anderen Schiffsgetrieben nachweisen, was an einem weiteren Beispiel gezeigt sei.

Bei dem untersuchten Schiffsgetriebe handelte es sich grundsätzlich um den gleichen Getriebetyp. Die zu übertragende Leistung betrug bei diesem Getriebe 20 000 PS. Die Anordnung des Getriebes zeigt Abbildung 8. In

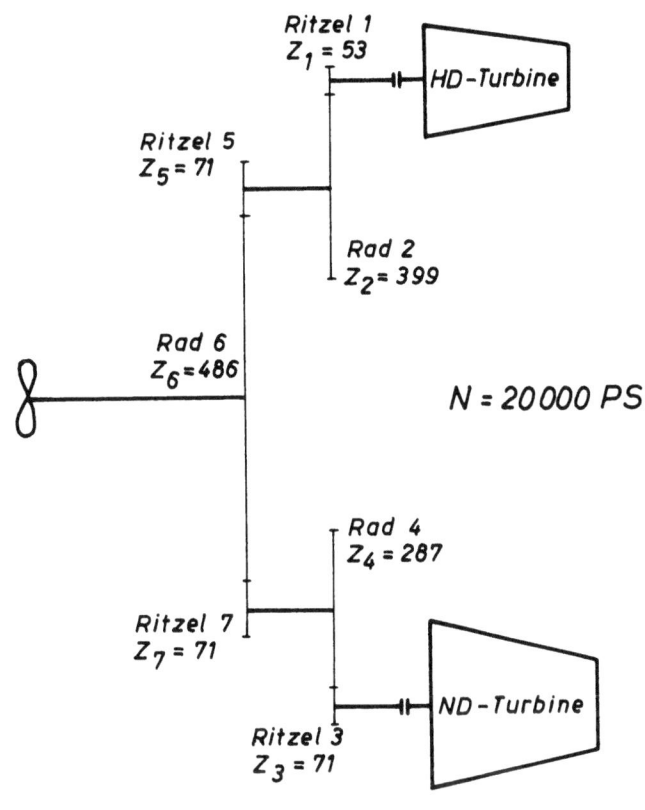

A b b i l d u n g 8
Schiffs-Turbogetriebe; N = 20 000 PS

diesem Falle wurden die Räder 2 und 4 auf der bereits in Abbildung 2 gezeigten Wälzfräsmaschine verzahnt. Aus den in Abbildung 8 angegebenen Übersetzungsverhältnissen folgt unmittelbar, daß die Räder 2 und 4 mit gleicher Drehzahl umlaufen, so daß die von der Verzahnmaschine auf die Räder aufgebrachten Fehler Teiltöne gleicher Frequenz anregen.

Von den bei einer Probefahrt des Schiffes aufgenommenen Luftschallanalysen sei noch ein typisches Beispiel angeführt.

Abbildung 9 zeigt ein an der Getriebeoberseite aufgenommenes Luftschallspektrum. Die Drehzahl der Schraubenwelle betrug bei der Analyse $n_s = 70 \text{ min}^{-1}$, der im Maschinenraum gemessene Pegel je nach Mikrofonstand 96 bis 99 db. Interessant sind in diesem Zusammenhang die Fre-

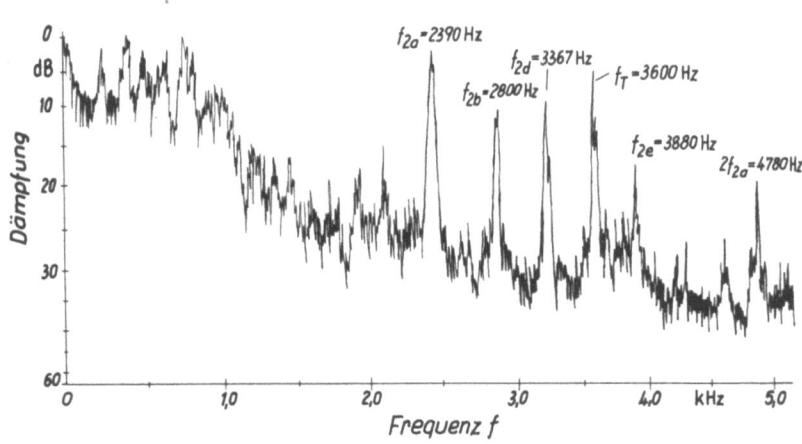

Abbildung 9

Luftschallspektrum bei $n_s = 70$ min^{-1}

quenzen im Bereich oberhalb 2 kHz. Bildet man in analoger Weise wie bei Abbildung 6 die Frequenzverhältnisse

$$f_{2b} : f_{2a} = 2800 : 2390 = 1{,}174;$$
$$f_{2d} : f_{2a} = 3367 : 2390 = 1{,}409;$$
$$f_{2e} : f_{2a} = 3880 : 2390 = 1{,}625,$$

so lassen sich diese wieder eindeutig den Übersetzungen von Zwischenwellen der in Abbildung 2 gezeigten Wälzfräsmaschine zuordnen. Auf die übrigen Teiltöne des Spektrums sei in diesem Zusammenhang nicht weiter eingegangen, sie werden z.T. von anderen Aggregaten im Maschinenraum abgestrahlt, wie beispielsweise der im Bereich der durch die Verzahnmaschine bedingten Teiltöne liegende Teilton der Frequenz $f_T = 3600$ Hz.

Aus den Meßergebnissen, die an installierten Großgetrieben gewonnen wurden und durch weitere Beispiele belegt werden können, die jedoch, soweit sie die Frage der Auswirkung von Drehfehlern auf das Laufverhalten gefräster Zahnräder betreffen, keine weiteren, grundsätzlich andersartigen Ergebnisse liefern, folgt ein eindeutig nachweisbarer Zusammenhang zwischen Tischantrieb der Wälzfräsmaschine und Laufgeräusch. Insbesondere zeigen die Beispiele, daß nicht nur Fehler im Teilgetriebe, sondern auch die Fehler von Getriebeelementen der Verzahnmaschine, die vor der Teilschnecke liegen, sich auf die Verzahnung und das Laufverhalten des Zahnrades auswirken.

Die Geräuschuntersuchung an Zahnradgetrieben erfährt eine wesentliche Ergänzung durch die Ergebnisse von Drehfehlermessungen auf der Verzahnmaschine, da die Drehfehlermessung eine unmittelbare Vorstellung über die Größe der einzelnen Fehler im Getriebestrang der Wälzfräsmaschine liefert. Die aufgezeigten Zusammenhänge werden insbesondere dann interessant, wenn durch Anregung von Eigenschwingungen des Getriebegehäuses Resonanzerscheinungen das Zahnradgeräusch beeinflussen. Als Erregerursache können dabei die von der Verzahnmaschine herrührenden Verzahnungsfehler infrage kommen, was an einem Beispiel erläutert sei.

Das Schwingungsverhalten des Getriebegehäuses kann für das Laufverhalten eines Zahnradgetriebes von erheblichem Einfluß sein. Eine durch Verzahnungsfehler angeregte Gehäuseeigenschwingung führt unter Umständen zu einer so starken Überhöhung einer einzelnen Teiltonamplitude, daß das Laufgeräusch des Zahnradgetriebes durch diesen Teilton charakterisiert wird. An Meßergebnissen, die an einem Schiffsgetriebe gewonnen wurden, sei gezeigt, in welchem Maße ein Anheben einer Teiltonamplitude im Luft- bzw. Körperschallspektrum durch eine Gehäuseeigenschwingung möglich ist. Die Messungen wurden auf dem Prüffeld durchgeführt. Der Antrieb des Getriebes erfolgte durch einen Elektromotor. Die Belastung wurde durch einen Bremszaun aufgebracht.

Bei dem untersuchten 1500-PS-Getriebe handelte es sich um eine Drei-

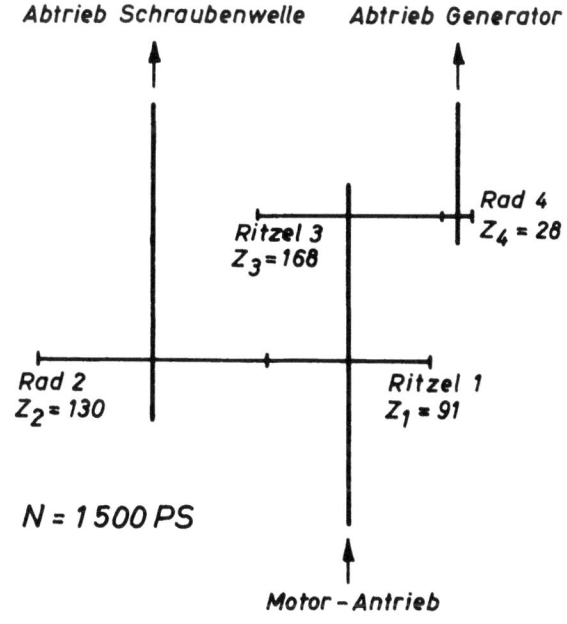

Abbildung 10

Schiffsgetriebe; N = 1 500 PS

Wellen-Anlage, deren schematische Anordnung aus Abbildung 10 entnommen werden kann. Von der durch einen Dieselmotor angetriebenen Antriebswelle geht über Ritzel 1 und Rad 2 ein Abtrieb auf die Schiffsschraubenwelle, ein weiterer Abtrieb führt über Ritzel 3 und Rad 4 auf einen Generator. Sämtliche Getrieberitzel und -räder wurden auf der gleichen Wälzfräsmaschine verzahnt, deren Tischantrieb aus Abbildung 11 hervorgeht. Beim Verzahnen der Getrieberäder blieben bis zum Wechselräder-

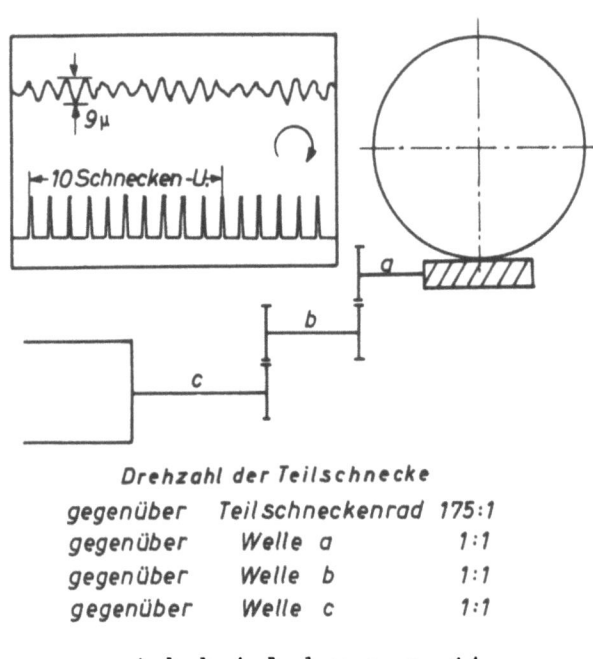

Abbildung 11
Tischantrieb einer Wälzfräsmaschine

kasten die Zwischenwellenübersetzungen 1 : 1. Im oberen Teil von Abbildung 11 ist ein Drehfehlerschrieb der Maschine zu sehen, aus dem nur ein Fehler mit der Frequenz der Schneckenwelle hervorgeht.

Bei der Antriebsdrehzahl des Getriebes für Normalbetrieb
($n_A = 166,7 \text{ min}^{-1}$) entstand ein unangenehmes Geräusch, das insbesondere am Getriebedeckel intensiv abgestrahlt wurde. Luftschallmessungen am Deckel ergaben maximal einen Summenpegel von 112 db (Mikrofonabstand 1m), am Getriebeunterteil dagegen bei gleichem Mikrofonabstand nur 96 bis 99 db. Die Werte für die Körperschallschnelle betrugen entsprechend am Deckel 0,012 m/s, am Getriebeunterteil 0,0004 - 0,0005 m/s. Die Summenpegelmessung wurde über das ganze Getriebe ausgedehnt. Aus der Pegelverteilung ließ sich bereits schließen, daß mit großer Wahrscheinlichkeit eine Eigenschwingung des Getriebedeckels bei dieser Antriebsdreh-

zahl angeregt wurde. Eine eindeutige Aussage ermöglicht jedoch erst eine Schwingungsuntersuchung in Verbindung mit der Geräuschuntersuchung. Daher wurde zur Ermittlung seiner Eigenschwingungen das Getriebegehäuse an verschiedenen Stellen durch einen Wechselkrafterreger erregt. Abbildung 12 zeigt oben ein am Getriebedeckel, unten ein am Getriebeun-

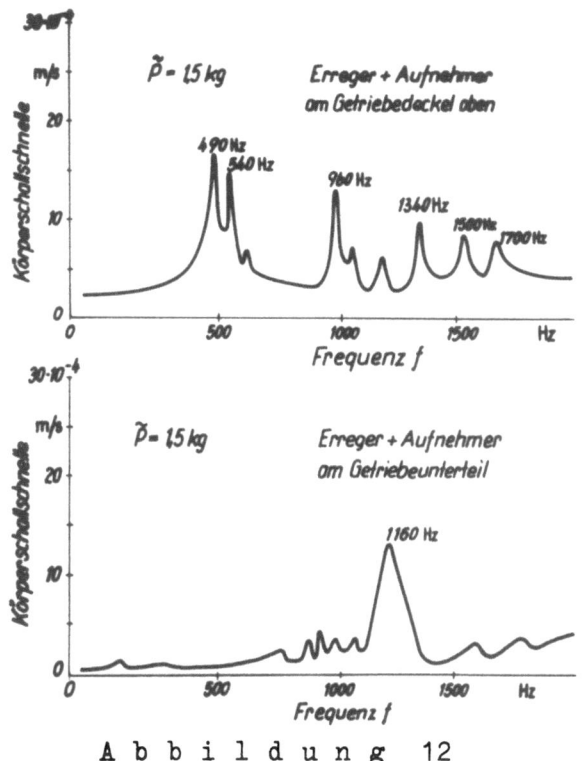

Abbildung 12

Eigenfrequenzspektren eines Schiffsgetriebes

terteil aufgenommenes Eigenfrequenzspektrum. Im unteren Spektrum treten im Gegensatz zum oberen Spektrum unterhalb 800 Hz keine nennenswerten Eigenschwingungen auf.

Abbildung 13 zeigt ein Resonanzdrehzahl-Diagramm des Getriebes. Die im Wechselkraftversuch ermittelten Eigenfrequenzen sind hierin als Ordinatenwerte aufgetragen, die unabhängig von der Drehzahl gelten und daher als abszissenparallele Geraden eingezeichnet sind. Die Antriebsdrehzahl des Getriebes wurde als Abszisse gewählt. Als Erregerfrequenz kommen die nach (2a), (2b) und (3) zu berechnenden Frequenzen in Frage. Die nach (1) zu berechnenden Drehfrequenzen scheiden im allgemeinen als Erregerfrequenzen für Gehäuseeigenschwingungen aus.

Da in den Gleichungen n in der ersten Potenz auftritt und für ein Getriebe sämtliche Verzahnungswerte konstant bleiben, ergibt sich als geometrischer Ort sämtlicher Frequenzen einer Erregerursache eine

Gerade, deren Anstieg durch die Verzahnungsabmessungen festliegt. Ein Erreger wird in seiner Grundwelle am wirksamsten sein. Selbstverständlich können auch Oberwellen für eine Erregung in Frage kommen. In dem hier betrachteten Beispiel sind lediglich die Frequenzen der Grundwellen von Interesse.

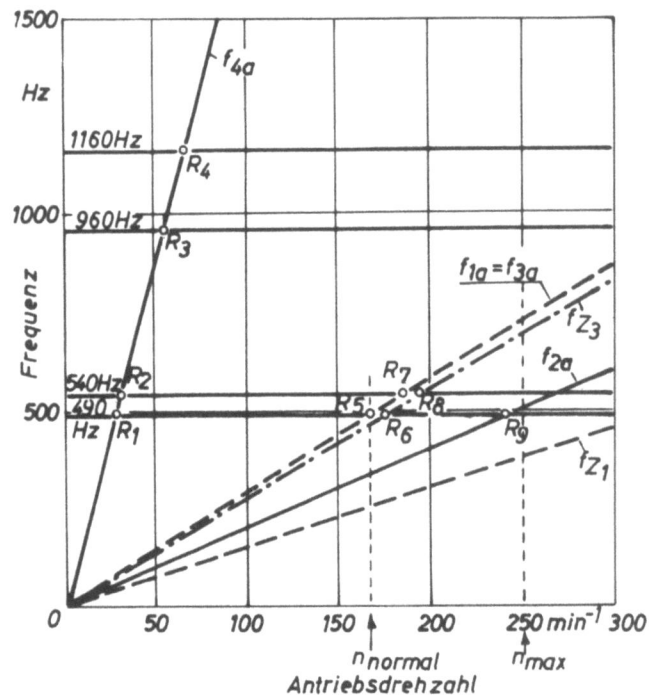

A b b i l d u n g 13

Resonanzdrehzahl-Diagramm eines Schiffsgetriebes

In Abbildung 13 sind die Geraden für die Zahneingriffsfrequenzen f_{z1} und f_{z3} und die Maschinenfrequenzen f_{1a}, f_{2a}, f_{3a} sowie f_{4a} eingezeichnet. Da Ritzel 1 und Ritzel 3 auf der gleichen Welle sitzen und auf der gleichen Wälzfräsmaschine verzahnt wurden, folgt daß $f_{1a} = f_{3a}$ ist.

Ferner sind die drei ersten Eigenfrequenzen des Getriebedeckels und die erste Eigenfrequenz des Getriebeunterteils aufgetragen (vergl. Abbildung 12). Die Schnittpunkte R_1 bis R_9 geben auf der Abszisse die Drehzahlen an, bei denen die Möglichkeit zur Anregung einer Eigenschwingung des Getriebegehäuses besteht. Da das Getriebe mit einer Antriebsdrehzahl von n_A = 166,7 min^{-1} lief, kamen für die Erregung der Deckelfrequenz von 490 Hz nur f_{1a} bzw. f_{3a} in Frage; wegen $f_{1a} = f_{3a}$ wirken die Verzahnungsfehler beider Ritzel 1 und 3 als Erreger.

In Abbildung 14 ist ein Körperschallspektrum, in Abbildung 15 ein Luftschallspektrum aufgenommen in 1 m Mikrofonabstand für den Getriebedeckel bei $n_A = 166,7 \text{ min}^{-1}$. Der in beiden Spektren dominierende Teilton liegt mit seiner Frequenz bei $f_{1a} = f_{3a} = 386$ Hz; allerdings liegt $f_{z3} = 466,7$ Hz innerhalb der Bandbreite des Analysators.

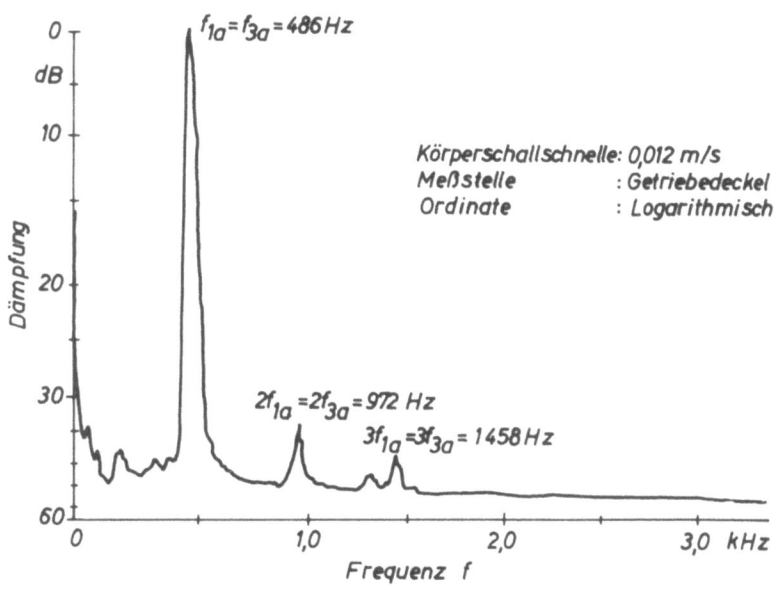

Abbildung 14

Körperschallspektrum bei $n_A = 166,7 \text{ min}^{-1}$

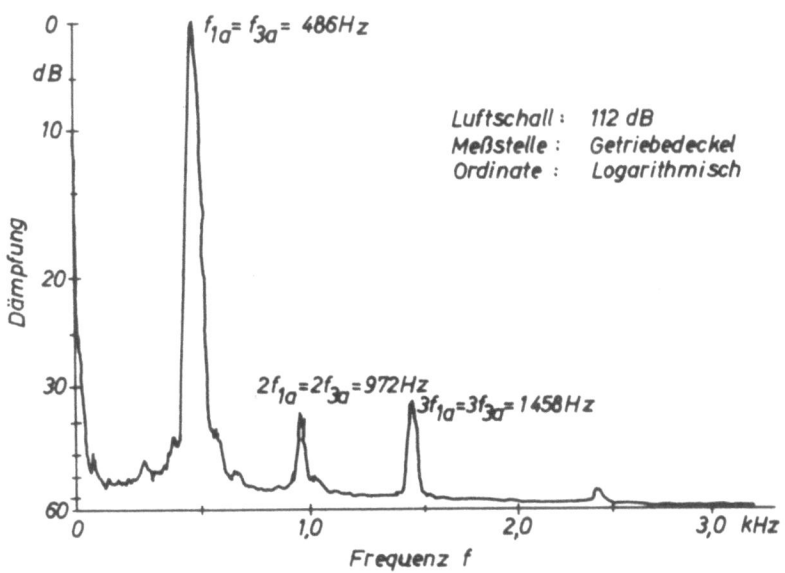

Abbildung 15

Luftschallspektrum bei $n_A = 166,7 \text{ min}^{-1}$

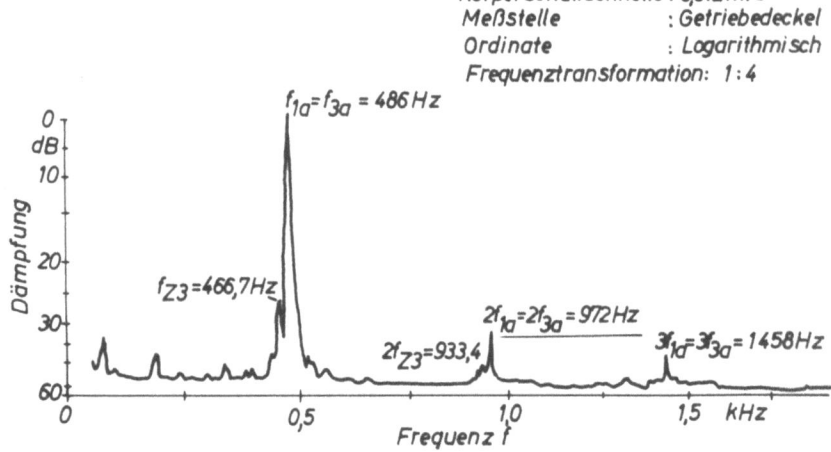

Abbildung 16

Körperschallspektrum bei $n_A = 166{,}7$ min^{-1}

Frequenztransformation 1 : 4

Führt man die in Abbildung 14 gezeigte Körperschallanalyse bei einer Frequenztransformation von 1 : 4 aus, dann trennt der Analysator f_{z3} und f_{1a} bzw. f_{3a}, wobei man erkennt, daß die Teiltonamplitude f_{z3} gegenüber f_{1a} bzw. f_{3a} um etwa 25 db gedämpft ist, Abbildung 16.

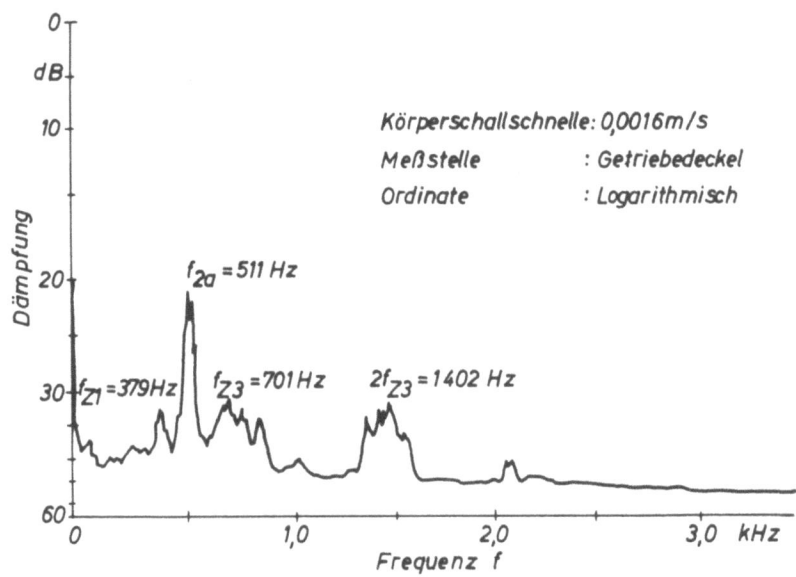

Abbildung 17

Körperschallspektrum bei $n_A = 250$ min^{-1}

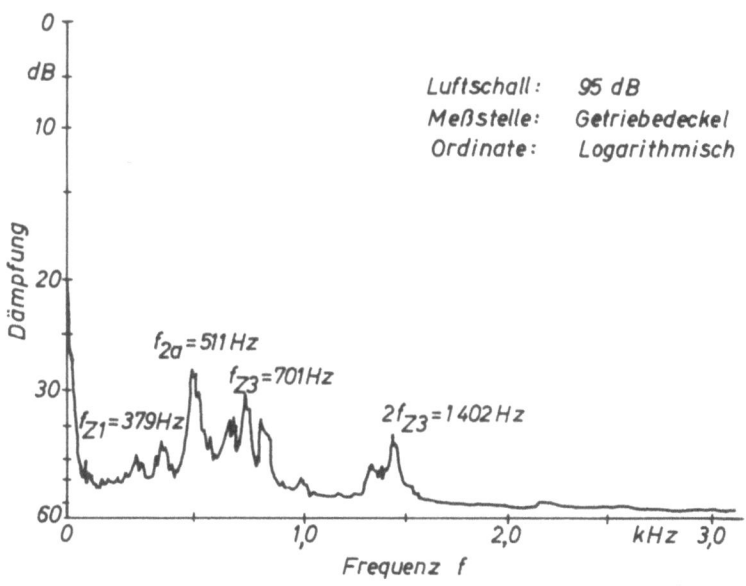

Abbildung 18
Luftschallspektrum bei $n_A = 250$ min^{-1}

Aus der Körperschallanalyse in Abbildung 17 und der Luftschallanalyse in Abbildung 18 folgt nochmals die Bestätigung, daß die Überhöhung von f_{1a} bzw. f_{3a} auf eine Anregung der Getriebedeckeleigenfrequenz von 490 Hz zurückzuführen ist. Die Analysen wurden an den gleichen Meßstellen mit gleicher Analysierempfindlichkeit wie in den Abbildungen 14 bis 16, jedoch bei der maximalen Antriebsdrehzahl des Getriebes $n_A = 250$ min^{-1} durchgeführt. Das Spektrum wird jetzt nicht durch einen einzelnen überhöhten Teilton bestimmt, vielmehr treten verschiedene, durch die einzelnen Getrieberäder erregte Teiltöne in Erscheinung. Dabei wird die Amplitude von $f_{1a} = f_{3a}$ trotz höherer Drehzahl gegenüber der Resonanzamplitude um rund 25 db gedämpft. An den entsprechenden Meßstellen betrug der Luftschallsummenpegel jetzt 95 db, der Körperschallpegel 0,016 m/s. Die Resonanzerscheinung bewirkt danach, wenn man die Pegelzunahme durch die Drehzahlerhöhung außer acht läßt, am Getriebedeckel eine Pegelüberhöhung von 17 db. Durch Anbringen geeigneter Dämpfungselemente am Getriebedeckel konnte der Pegel bei $n_A = 166,7$ min^{-1} auf 98 db gesenkt werden.

2.2 Grundlagenversuche am Geräuschprüfstand

Bei Geräuschmessungen an praktisch installierten Getrieben entstehen auf Grund der unterschiedlichen Bauformen, Leistungen, Raumakustik u.a. große Schwierigkeiten, wenn man das Geräuschverhalten der verschiedenen Getriebe vergleichen will. Aus diesem Grunde werden die für die Praxis interessanten Geräuschprobleme und insbesondere die Maßnahmen zur Verbesserung des Laufverhaltens in einem speziell für diese Zwecke erstellten Geräuschprüfstand in Form von Grundlagenversuchen untersucht.

Grundlagenversuche an einem speziell erstellten Geräuschprüfstand haben den Vorteil, daß eine Vielzahl der Einflußgrößen auf das Laufverhalten, wie Getriebegehäuse, Raum usw. unverändert bleibt. Dadurch wird die Vergleichbarkeit von Meßergebnissen erleichtert.

2. 31 Versuchsanlage

Die Versuchsanlage zur Durchführung der Geräuschuntersuchungen wurde in Räumen eines ehemaligen Luftschutzbunkers erstellt. Störeinflüsse aus der Umgebung wirken sich hier praktisch nicht auf die Versuchsergebnisse aus.

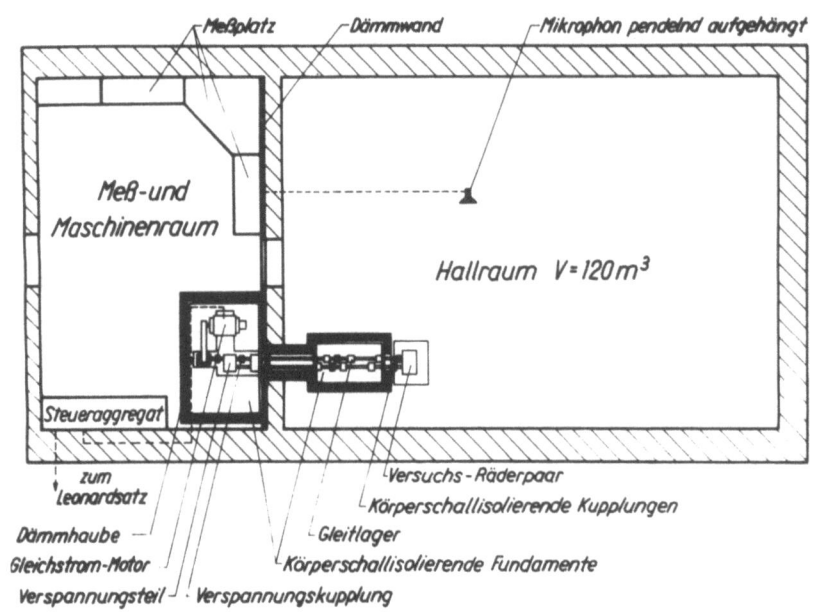

A b b i l d u n g 19
Anlage für Geräuschuntersuchungen an
Zahnradgetrieben

Die für die Durchführung der Grundlagenversuche erstellte Versuchsanlage ist in Abbildung 19 schematisch dargestellt. Die Anlage wurde als mechanischer Zahnradverspannungsprüfstand ausgelegt. Die Belastung der Versuchsräder erfolgt hierbei bekanntlich durch statisches Verdrehen der Wellen, so daß der Antriebsmotor nur die Reibungsverluste im Prüfstand zu decken hat. Die ursprünglich vorgesehene Belastung durch einen Bremsgenerator wurde aufgegeben, nachdem sich - bei sonst gleicher Anlage - der Wunsch nach höheren Belastungsmomenten ergab.

Die gesamte Anlage ist in zwei Räumen untergebracht. In dem kombinierten Meß- und Maschinenraum befinden sich Antriebs- und Verspannteil, Steuer- und Überwachungseinrichtungen sowie Meß- und Registrierplätze.

Im Hallraum ist das Getriebegehäuse angeordnet, das zur Aufnahme der Versuchsräderpaare dient.

Der Antrieb des Verspannungsprüfstandes geht von einem Gleichstrommotor - in Verbindung mit einem Leonardsatz - über einen Riementrieb auf die Antriebswelle der Verspannungsanlage und damit das zu untersuchende Radpaar, das auf gleitgelagerten Wellen aufgenommen wird, der Abtrieb über eine der Verspannungskupplung gegenüberliegende Welle auf das zweite Räderpaar. Im Verspannungsteil finden Wälzlager Verwendung. Der ausnutzbare Drehzahlbereich des Gleichstrommotors umfaßt 150 bis 3000 min^{-1}. Durch Wahl entsprechender Übersetzungen zwischen den motorseitig bzw. verspannungsseitig angeordneten Riemenscheiben läßt sich der Drehzahlbereich der Verspannungsanlage nach oben oder unten verschieben.

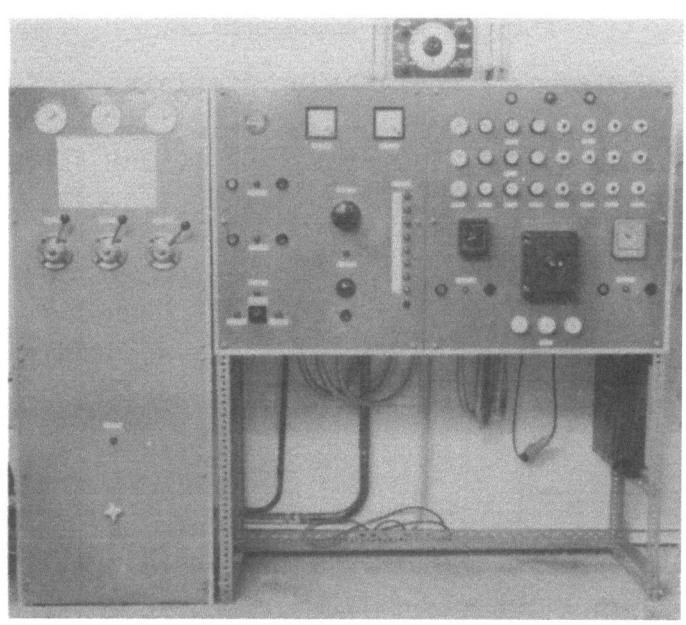

Abbildung 20
Steuer- und Kontrollschrank

Der Übersicht wegen sind in Abbildung 19 der Hydraulikkreis und die elektrischen Steuer- und Überwachungskreise der Anlage nicht mit eingesetzt. Sämtliche Bedienungselemente für die Hydraulik und Elektrik sind in einem Steueraggregat angebracht, Abbildung 20.

Aus Abbildung 21 geht die Anordnung des Hydraulikkreises hervor. Die fest ausgezogenen Linien kennzeichnen die Saug- bzw. Druckleitungen, die gestrichelten Linien die Überdruck- bzw. Abflußleitungen. Zwei Zahnradpumpen P1 und P2 fördern aus den Behältern T1 und T2 Öl über die

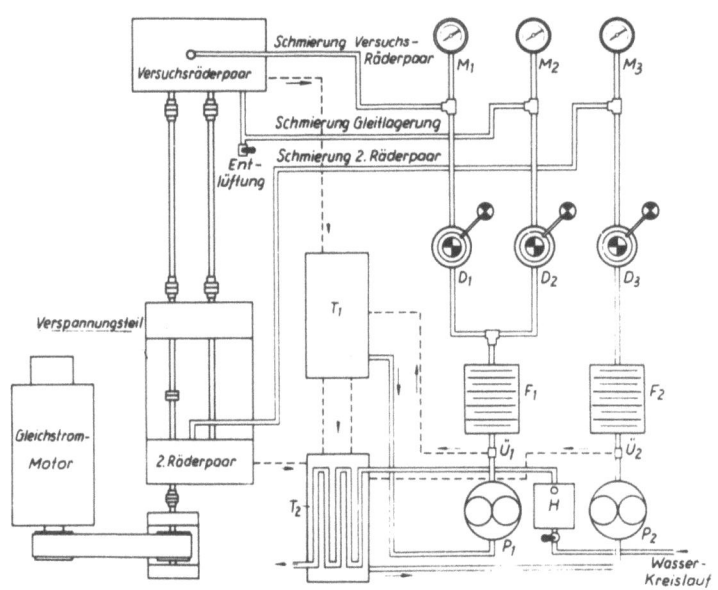

Abbildung 21
Ölkreis für Geräuschprüfanlage

Überdruckventile Ü1 und Ü2 und Filter F1 und F2 auf die Gleitlagerung im Prüfstand, das Versuchsräderpaar und das zweite Räderpaar im Verspannungsteil. Mit Hilfe der drei Drosseln D1, D2 und D3 kann der gewünschte Öldruck stetig eingestellt und an den Manometern M1, M2 und M3 abgelesen werden. Ein Wasserkreislauf dient zum Kühlen oder bei Einschalten des Heizofens H zum Aufheizen des geförderten Öles. Bei Versuchsdurchführung kann die Öltemperatur auf diese Weise konstant gehalten werden.

Besondere Sorgfalt verlangte die Isolierung des vom Antrieb erzeugten Störschalles. Körperschallisolierte Kupplungen in An- und Abtriebswellenstrang vermeiden eine Übertragung von Körperschall auf das Versuchsgetriebe. Der Antriebsmotor mit der Verspannungseinheit, die Wellenlagerung und das Versuchsgetriebe sind auf getrennten körperschallisolierten Fundamenten montiert. Dadurch wird eine Übertragung von Störungen vom Antrieb bzw. zweiten Räderpaar in den Hallraum durch Körperschalleitung weitgehend eliminiert. Schließlich dienen Dämmhauben über Motor, Verspannungseinheit und Wellenlagerung, eine Dämmwand zwischen Meß- und Maschinenraum und dem Hallraum dazu, störenden Luftschall abzubauen.

Die in einem Hallraum gewonnenen Ergebnisse hängen von der Raumakustik des Raumes ab. Um die Meßwerte mit denen vergleichen zu können, die in anderen Hallräumen ermittelt wurden, ist die Kenntnis der Absorptionsverhältnisse der Hallräume Voraussetzung, die man in der Akustik im allgemeinen durch die Nachhallzeit (nach Sabine) beschreibt. Diese ergibt sich für den vorliegenden Hallraum aus Abbildung 22.

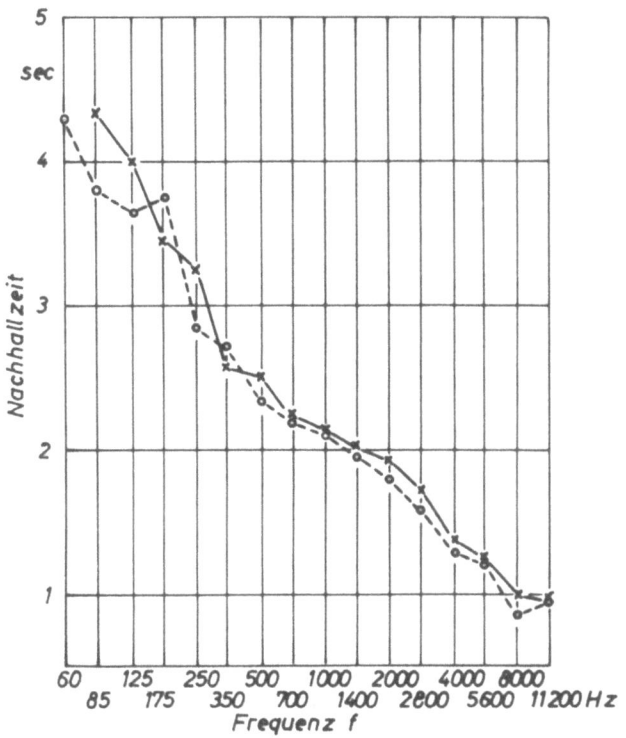

A b b i l d u n g   22
Nachhallzeit des Hallraumes
(nach Sabine)

Der im Hallraum gemessene Nullpegel liegt zwischen 33 - 38 db ($\approx$ 20 DIN Phon). Der Störgeräuschsummenpegel der ohne Versuchsräderpaar laufenden Anlage liegt je nach Drehzahl zwischen 50 - 60 db.

Abbildung 23 zeigt, bei gleichen Versuchsbedingungen aufgenommen, die Analyse des Zahnradgeräusches eines Versuchsräderpaares und die des Störgeräusches der Anlage ohne Versuchsräderpaar bei einer Antriebs-

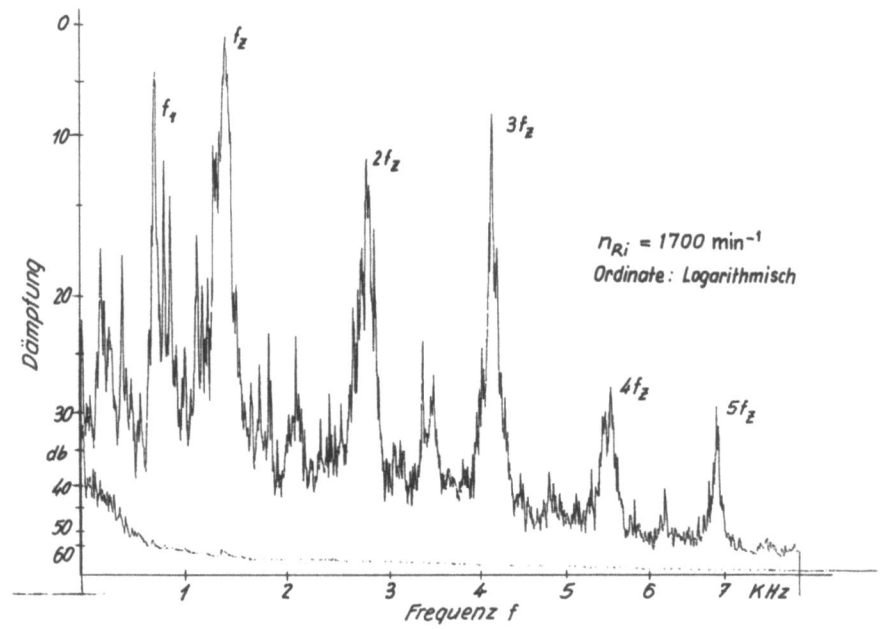

Abbildung 23

Analyse von Störpegel und Nutzpegel bei
gleicher Analysierempfindlichkeit

drehzahl von $n = 1700 \text{ min}^{-1}$. (Summenpegel des Zahnradgeräusches: 84 db; Summenpegel des Störgeräusches 57 db. Zahnraddaten: $z_1 = 48$; $z_2 = 77$; $ß_o = 0$; $m_o = 2$; $b = 70$ mm; Verspannungsmoment: Md = 10 mkg; Ölschmierung: 2 l/min.) Beide Analysen wurden bei gleicher Analysierempfindlichkeit durchgeführt. Man erkennt, daß unter Ausnutzung der gesamten Dynamik des Analysators bei logarithmischem Amplitudenmaßstab der Abstand zwischen dem Störpegel und dem vom Versuchsräderpaar entwickelten Nutzpegel so groß bleibt, daß keine Verfälschung einzelner Teiltonamplituden durch Teiltöne des Störgeräusches in dem praktisch interessanten Frequenzbereich oberhalb 500 Hz auftritt.

2. 32 Meßgeräte

Die verwendeten Meßgeräte gehen aus Abbildung 24 hervor. Sie umfassen im wesentlichen Luft- und Körperschallmesser, Oktav- und Terzpässe, Suchtonanalysator, Klassiergerät, Kathodenstrahloszillograph, Meßmagnetophon und - in Abbildung 24 nicht sichtbar - eine Anlage zur Erregung mechanischer Schwingungen. Bei der Durchführung der Versuche finden folgende Meßverfahren Anwendung:

Abbildung 24
Meßstand

a) Aufnahme des Luftschalles,
b) Aufnahme des Körperschalles,
c) Aufzeichnen des zeitlichen Verlaufs von Luft- und Körperschall (Oszillographieren),
d) **Oktav- und Terzanalyse,**
e) Suchtonanalyse.

Sämtliche Versuche werden mit Hilfe eines Meßmagnetophons auf Tonband gespeichert und anschließend von endlosen Bandschleifen nach den verschiedenen Meßverfahren ausgewertet. Eine Speicherung von Geräuschen auf Tonbandschleife hat den Vorteil, daß sich zeitliche Schwankungen im Pegel über längere Zeiträume eliminieren lassen.

Auf Grund der häufig unvermeidlichen Pegelschwankungen hat es sich als zweckmäßig erwiesen, die Messungen im Rahmen der Grundlagenversuche mit einem elektronischen Klassiergerät statistisch aufzunehmen. Die einzelnen angegebenen Pegelwerte bzw. die Meßpunkte in Kurvenzügen, welche z.B. die Abhängigkeit des Schalldruckes von der Ritzeldrehzahl wiedergeben, stellen den arithmetischen Mittelwert von jeweils 1000 Einzelmessungen dar, die mit dem Klassiergerät normalerweise bei 10 Stichproben pro Sekunde aufgenommen wurden.

Als Bewertungsmaßstab für den Luftschall dient bei allen Messungen der absolute physikalische Schalldruck in μbar bzw. - auf den Schallwert $p_o = 2 \cdot 10^{-4}$ μbar bezogen - Dezibel, für den Körperschall die Schallschnelle in $m \cdot s^{-1}$.

Bei der frequenzmäßigen Zuordnung von Fehlern der Verzahnungsmaschinen im Geräuschspektrum eines Zahnradpaares bzw. Getriebes erweist sich die Suchtonanalyse wegen ihrer absoluten und hohen Trennschärfe als das zweckmäßigste Meßverfahren. Bei Verwendung eines geeigneten Tonbandgerätes kann die Trennschärfe des Suchtonanalysierverfahrens in begrenztem Maße dadurch gesteigert werden kann, daß mit einer bestimmten Aufnahmegeschwindigkeit auf Tonband gespeicherte Zahnradgeräusch, auf höhere Wiedergabegeschwindigkeit transformiert, dem Suchtonanalysator zugeführt wird. Die Selektivität von Oktav- oder Terzfiltern reicht im allgemeinen nicht aus, da diese Filter mit relativen Bandbreiten arbeiten.

Auf eine Erläuterung der Arbeitsweise und Einsatzmöglichkeiten der in Abbildung 24 gezeigten Meßgeräte kann in diesem Zusammenhang verzichtet werden, da sich zahlreiche Veröffentlichungen hierüber im Schrifttum finden.

2. 33 Schwingungsverhalten des Geräuschprüfstandes

Bei der Durchführung von Geräuschuntersuchungen sind genaue Kenntnisse über das Schwingungsverhalten des Prüfstandgehäuses notwendige Voraussetzung. Die wichtigsten Ergebnisse der Schwingungsuntersuchungen sind nachstehend zusammengefaßt.

Erregt man den Prüfstand mit Hilfe eines Wechselkrafterregers an der Eingriffsstelle der beiden Versuchsräder und ordnet den Aufnehmer an der rechten Gehäusewand an, so erhält man das in Abbildung 25 als Kurve 1a dargestellte Eigenfrequenzspektrum. Die Gehäusewand zeigt drei sehr deutliche Eigenschwingungen, deren Frequenzen bei 220 Hz, 760 Hz und 1280 Hz liegen. In entsprechender Weise ergeben sich für die linke Gehäusewand drei Eigenschwingungen, deren Frequenzen gleich bzw. ähnlich liegen, Kurve 2a.

Bei der praktischen Versuchsdurchführung sind lediglich die Eigenschwingungen zu berücksichtigen, für die bei Durchfahren des Drehzahlbereiches eine Erregung in Frage kommt. Abbildung 26 zeigt die Körper-

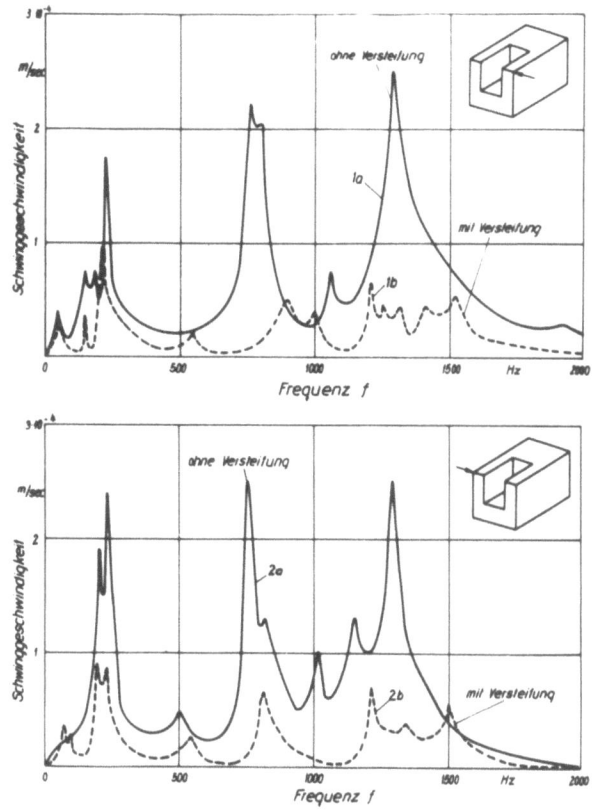

Abbildung 25
Eigenfrequenzspektrum des Prüfstandes
bei $\tilde{P} = 1,5$ kg

schallschnelle in Abhängigkeit von der Ritzeldrehzahl aufgetragen. Die Amplituden hängen selbstverständlich von dem verwendeten Versuchsräderpaar ab ($z_1 = 48$; $z_2 = 77$; $m_0 = 2$; $\beta_0 = 0$; b = 70 mm; Ölschmierung: 2 l/min Verspannungsmoment 10 mkg). Kurve 3a gilt für Aufnehmeranordnung an der rechten - entsprechend wie bei Kurve 1a in Abbildung 25 - Kurve 4a für Aufnehmeranordnung an der linken Gehäusewand - analog wie bei Kurve 2a in Abbildung 25. Ein Vergleich der Kurven 1a und 3a läßt die Zahneingriffsfrequenz als Erregerfrequenz erkennen. Zum Beispiel entspricht dem Maximum in Abbildung 26 nach dem unteren Maßstab eine Zahneingriffsfrequenz von 1280 Hz. Nach Abbildung 25 oben - Kurve 1a - liegt bei 1280 Hz eine Eigenfrequenz des Prüfstandgehäuses. Ähnliche Zusammenhänge ergeben sich zwischen den Maxima der Kurven 4a und den Eigenschwingungen in Abbildung 25 unten - Kurve 2a.

Für das gleiche, bei den Erregerversuchen verwendete Radpaar sei gezeigt, wie sich die Eigenfrequenzen des Gehäuses im Körperschallspektrum auswirken. In Abbildung 27 sind - Aufnehmeranordnung auf der rech-

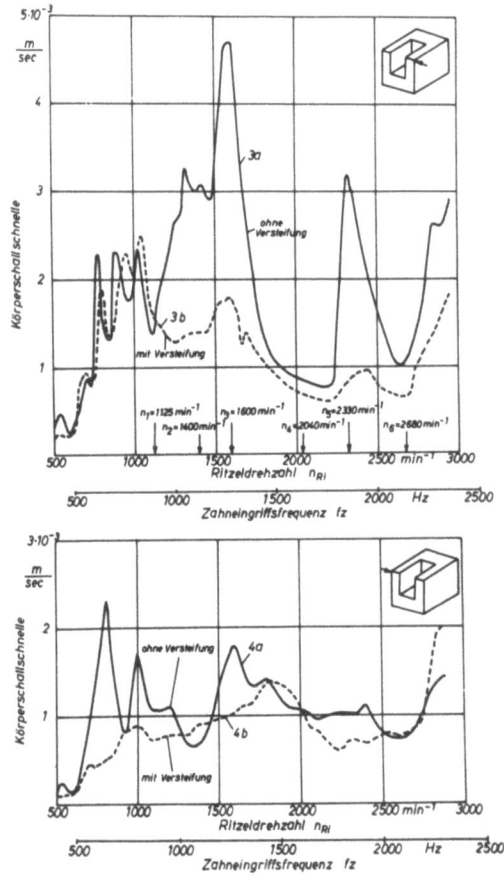

Abbildung 26
Körperschallschnelle in Abhängigkeit von der Ritzeldrehzahl
Verspannungsmoment Md = 10 mkg

ten Gehäusewand - sechs Körperschallanalysen zusammengestellt. Die zugehörigen Ritzeldrehzahlen sind in Abbildung 26 mit n_1 bis n_6 gekennzeichnet. Man erkennt, daß die Überhöhung der Körperschallschnelle sich in einer entsprechenden Überhöhung des Teiltones mit der Zahneingriffsfrequenz auswirkt. Bei Verändern der Drehzahl von $n_1 = 1125$ min^{-1} auf $n_2 = 1400$ min^{-1} steigt die Teiltonamplitude um 17 db, bei Erhöhen auf $n_3 = 1600$ min^{-1} um weitere 6 db. Nach weiterer Drehzahlsteigerung tritt bei $n_4 = 2040$ min^{-1} ein Abfall von 29 db ein, bei $n_5 = 2330$ min^{-1} wieder eine Überhöhung von 24 db und schließlich bei $n_6 = 2680$ min^{-1} eine Amplitudenabnahme von 17 db.

Durch konstruktive Maßnahmen läßt sich das Schwingungsverhalten eines Getriebegehäuses beeinflussen. Um diese Maßnahme sinnvoll anwenden zu können, ist es zweckmäßig, die Schwingungsform des Getriebegehäuses bei verschiedenen Eigenschwingungen aufzunehmen. Als Beispiel sind zwei Schwingungsformen, für 750 Hz und 1280 Hz, in Abbildung 28 dargestellt.

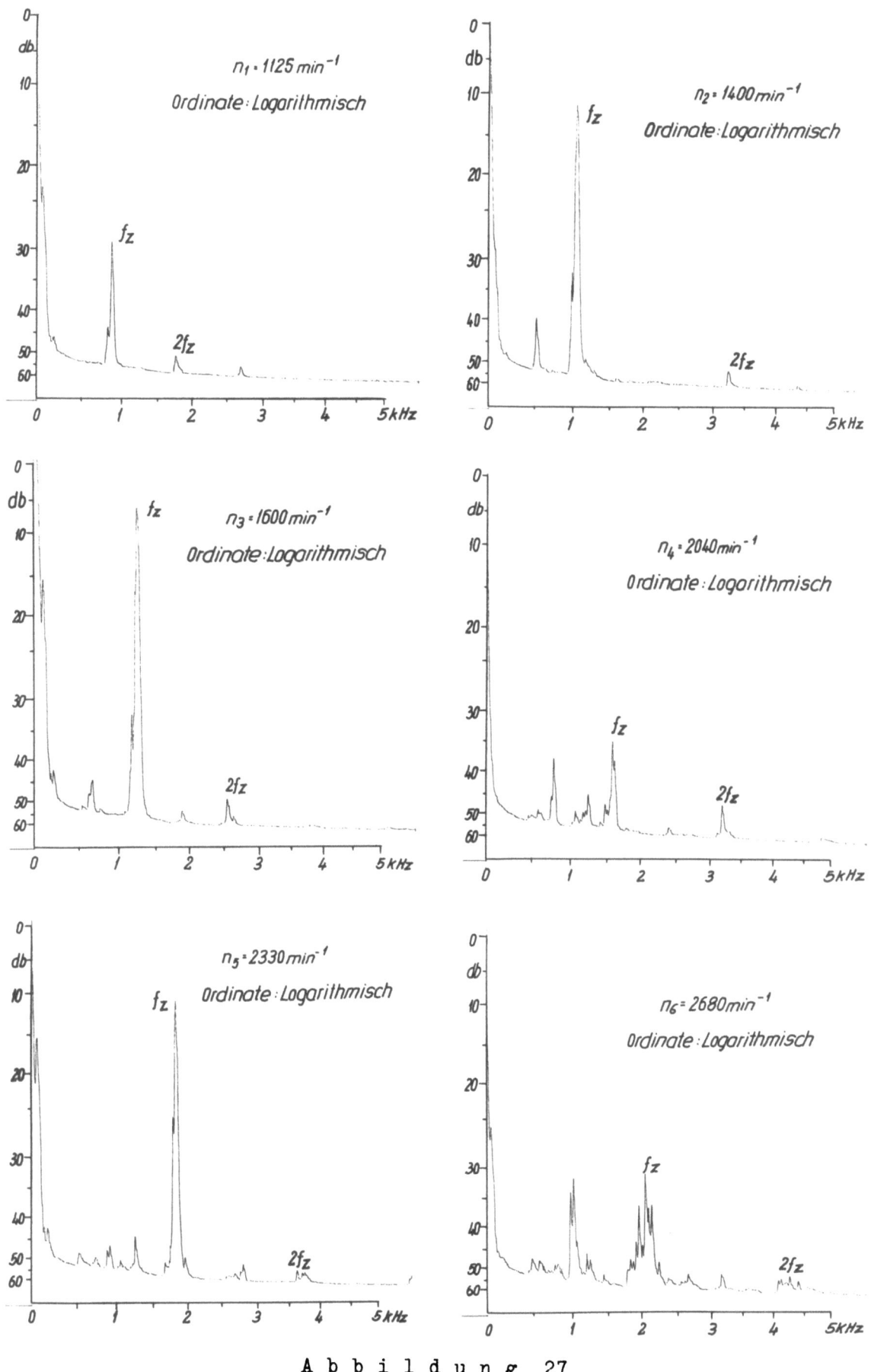

Abbildung 27

Körperschallspektren des Prüfstandes,
Teiltonüberhöhungen durch Gehäuseeigenschwingungen

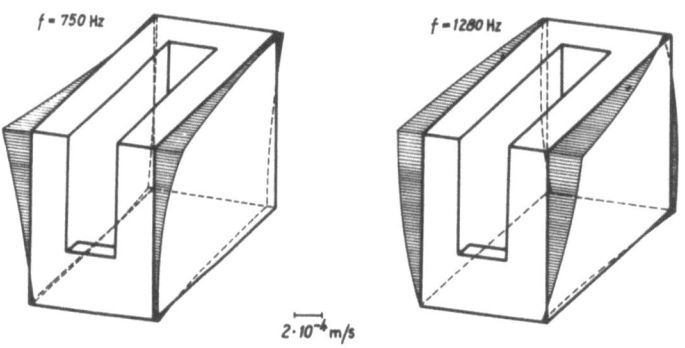

Abbildung 28
Schwingungsformen des Prüfstandgehäuses

In beiden Fällen schwingen die Seiten des Gehäuses gegenphasig.

Das Schwingungsverhalten eines Systems läßt sich grundsätzlich durch Verändern der Federsteife, Masse oder Dämpfung beeinflussen.

Im vorliegenden Falle wurden zur Erhöhung der Gehäusesteife die beiden Seitenwände an der Vorderkante durch einen Distanzbolzen in Verbindung mit einer zwischen den Gehäusewänden sorgfältig eingepaßten Büchse verschraubt. Neben der damit verbundenen Steifigkeitserhöhung wird auf diese Weise in den Paßflächen zusätzlich eine Reibungsdämpfung wirksam. Ferner wurde an der Gehäusevorderseite eine Stahlplatte aufgeschraubt.

Die Auswirkung dieser konstruktiven Maßnahmen auf das Schwingungsverhalten des Prüfstandgehäuses geht aus den Kurven b der Abbildungen 25 und 26 hervor.

Bei Vergleich der Kurven a mit b läßt sich ein wesentlicher Abbau der Resonanzamplituden jedoch erst oberhalb n_{Ri} = 1100 min^{-1} feststellen.

In Abbildung 29 sind sechs Körperschallanalysen zusammengestellt, die an dem geänderten Gehäuse bei gleichen Drehzahlen und gleicher Analysierempfindlichkeit wie in Abbildung 27 aufgenommen wurden. Die Überhöhungen des Teiltones mit der Zahneingriffsfrequenz treten in diesem Falle nicht mehr in dem Maße ausgeprägt in Erscheinung wie in den Spektren der Abbildung 27.

Zwischen Körperschall- und Schwingungserregerversuchen besteht im allgemeinen ein übersichtlicher Zusammenhang. Aus der Schwingungsmessung kann jedoch nicht generell unmittelbar auf das Luftschallspektrum des

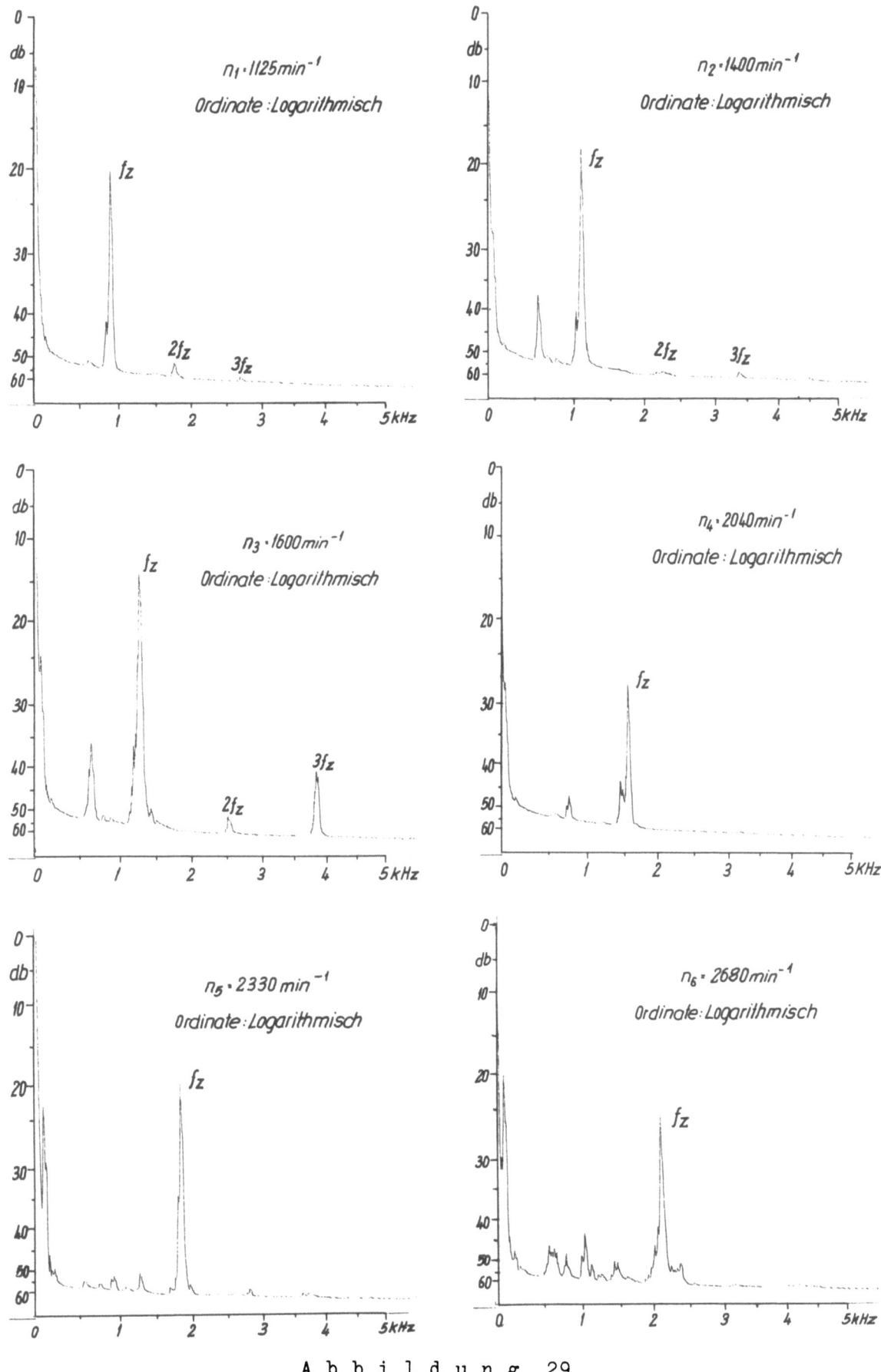

Abbildung 29
Körperschallspektren des Prüfstandes, Einfluß von Maßnahmen zur Dämpfung und Starrheitserhöhung

Laufgeräusches geschlossen werden. Abbildung 30 zeigt den Luftschallsummenpegel des Getriebegehäuses ohne - vergleiche Kurven 3a und 4a in Abbildung 26 - und mit Versteifung - vergleiche Kurven 3b und 4b in Abbildung 26. Die Ausbildung einzelner Maxima steht offensichtlich nicht in einfachem Zusammenhang mit denen des Körperschallsummenpegels.

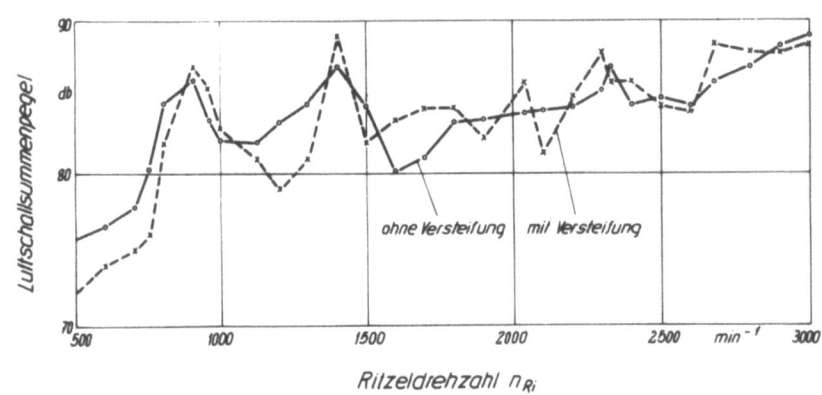

Abbildung 30

Luftschallsummenpegel in Abhängigkeit von der Ritzeldrehzahl
Verspannmoment Md = 10 mkg

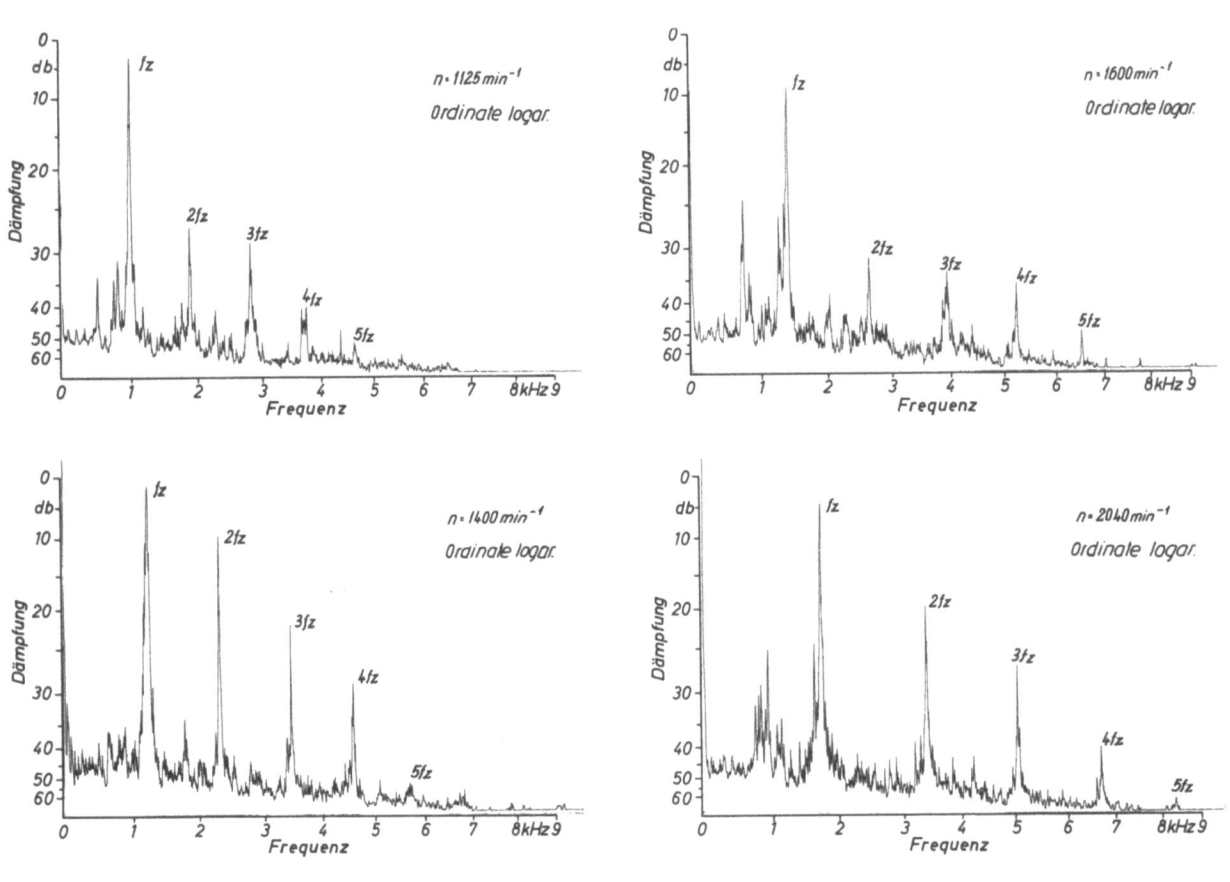

Abbildung 31a   Abbildung 31b

Luftschallspektren im Hallraum
Gehäuse im Ausgangszustand

Ein Vergleich von vier in Abbildung 31 zusammengestellten Luftschallanalysen - Drehzahlen vergleiche in Abbildung 26; $n_1 = 1125$ min^{-1} bis $n_4 = 2040$ min^{-1} - die vor Änderung des Prüfstandgehäuses aufgenommen wurden und vier in Abbildung 32 zusammengestellten Analysen, die, nach Anbringen des Distanzbolzens und der Stahlplatte, bei untereinander gleicher Empfindlichkeit geschrieben wurden, mit den entsprechenden Körperschallspektren in Abbildung 27 und 29, läßt hinsichtlich der Teiltonamplituden bei den Luftschallanalysen einen grundsätzlich anderen

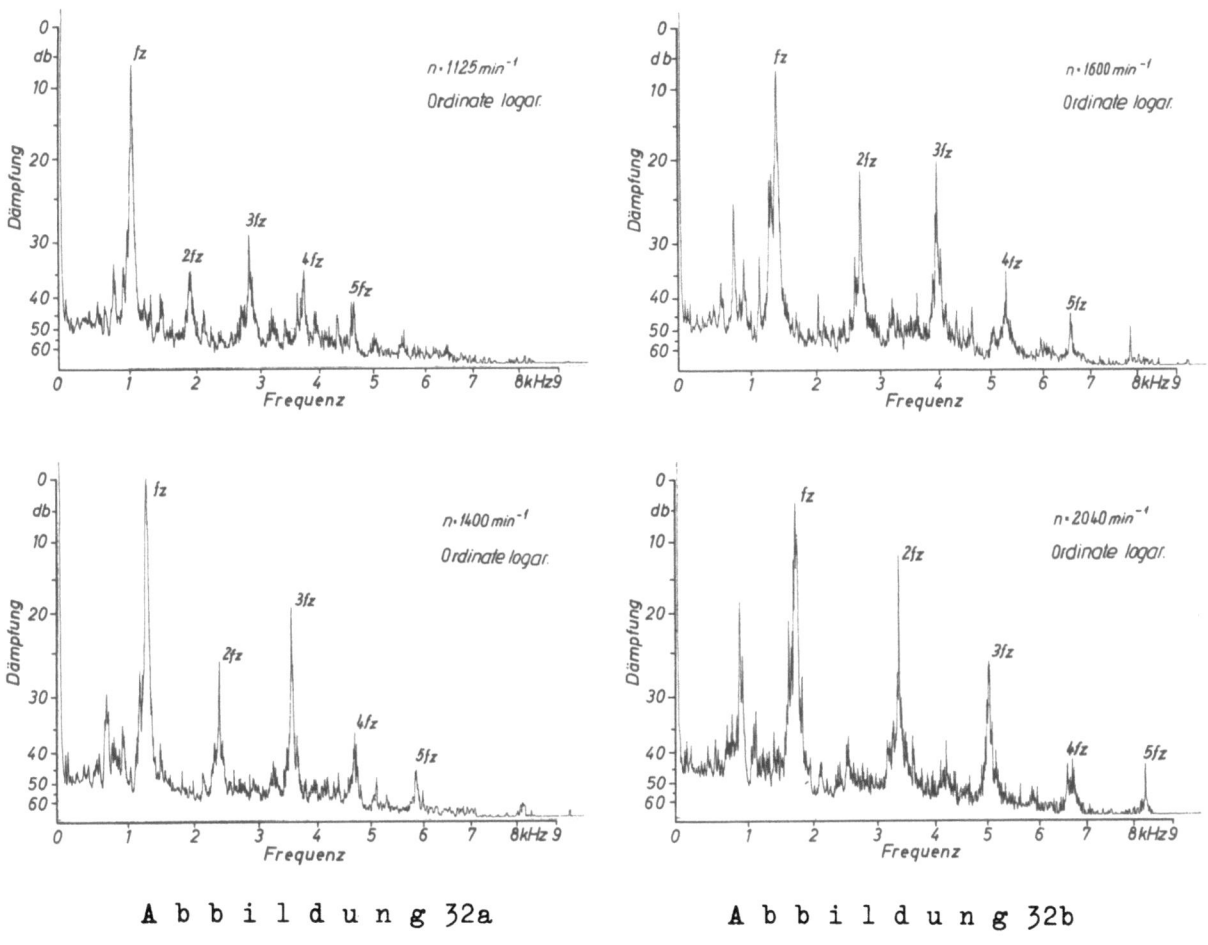

Abbildung 32a   Abbildung 32b

Luftschallspektren im Hallraum
Gehäuse gedämpft und versteift

Zusammenhang als bei den Körperschallanalysen erkennen. Insbesondere zeichnen sich die Luftschallspektren durch eine größere Zahl Harmonischer des Teiltones mit der Zahneingriffsfrequenz aus.

Die Unterschiede zwischen Luft- und Körperschall leuchten sofort ein, wenn man berücksichtigt, daß im Luftschall neben dem Schwingungsverhalten des Getriebes noch dessen Abstrahlungsverhältnisse, die Raumakustik des Hallraumes usw. eingehen. Man wird aus diesem Grunde bei Geräuschuntersuchungen sowohl Körper- als auch Luftschallmessungen durchführen und sich nicht auf eine dieser Messungen beschränken. Während die Körperschallmessung eine wertvolle Hilfe bei der Ermittlung von Erregerursachen leistet, liefert die Luftschallmessung die Geräuschzusammensetzung in der Weise, wie sie sich dem Ohr bietet.

2.34 Untersuchungen über Drehfehler an Modellrädern

Es erhob sich die Frage, ob sich die an Großgetrieben gefundenen Zusammenhänge über die Auswirkung von Drehfehlern der Verzahnmaschine auf das Geräuschspektrum des Zahnradgetriebes an den für die Grundlagenversuche verwendeten kleinen Zahnrädern nachweisen lassen. Die Amplitude dieser Teiltöne wird von der Amplitude der Drehfehler sowie von den Raddurchmessern abhängen. Letztere sind bei den gewählten Radabmessungen relativ klein. Die Abmessungen der für die Grundlagenversuche benutzten Räder wurden so gewählt, daß sie den im Großgetriebebau verwendeten Radabmessungen geometrisch ähnlich sind.

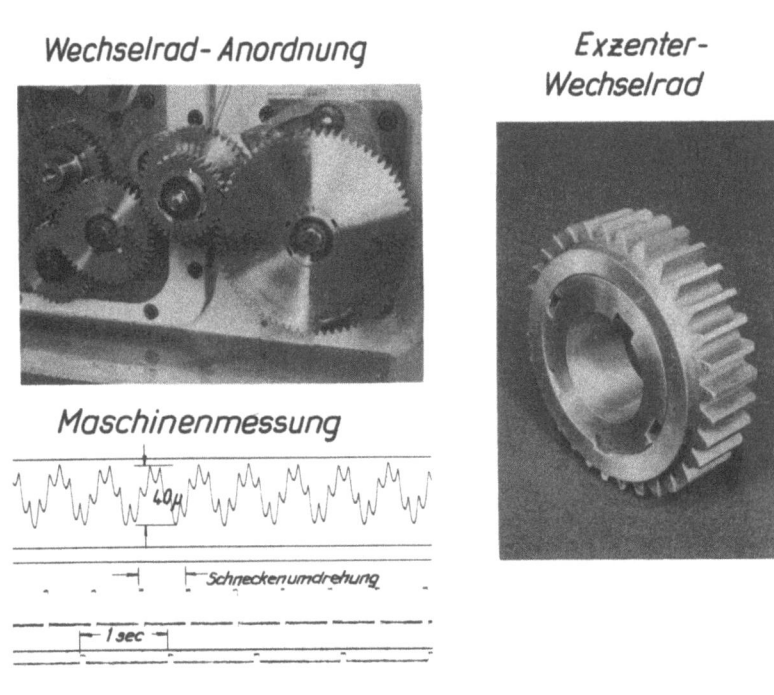

Abbildung 33
Exzenter-Wechselräder

Um Maschinenfehler beliebiger Frequenz auf ein Zahnrad aufbringen zu können, wurden im Wechselräderkasten Exzenterwechselräder aufgesteckt - siehe Abbildung 33. Sie ermöglichen durch relatives Verschieben der beiden ineinander gesteckten Büchsen, die Exzentrizität von Null bis zu einem Maximalwert einzustellen. Die durch die Exzenterwechselräder hervorgerufenen Tischdrehfehler der Wälzfräsmaschine wurden mit Hilfe der bekannten Drehfehlermeßgeräte auf der Maschine ausgemessen. Von verschiedenen Versuchen sei ein charakteristisches Beispiel gezeigt.

Um die beim Fräsen aufgebrachten Fehler im Laufgeräusch einwandfrei nachweisen zu können, wurde jedes mit definierten Fehlern gefräste Ritzel oder Rad mit einem geläppten Gegenrad bzw. Gegenritzel im Geräuschprüfstand untersucht. Wie aus Abbildung 34 zu entnehmen ist, zeigt das

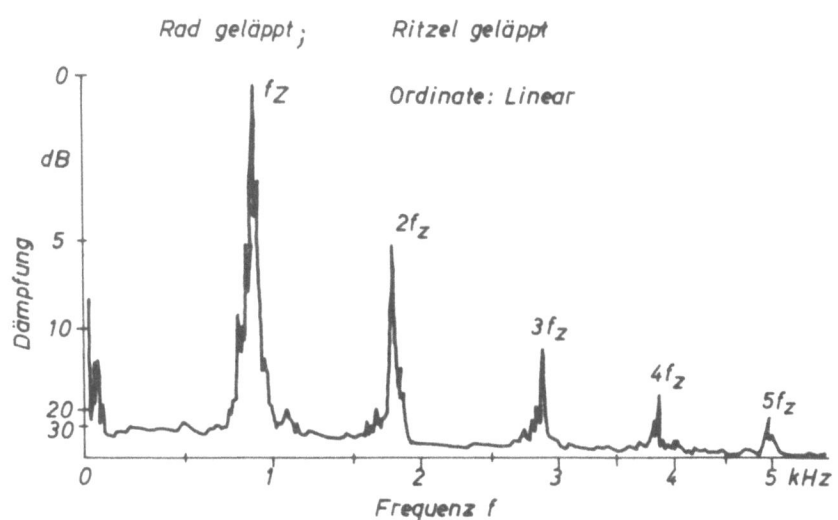

Abbildung 34

Luftschallspektrum eines geläppten Zahnradpaares bei
$n_{Ri} = 1100 \text{ min}^{-1}$; Md = 10 mkg

Spektrum des geläppten Radpaares nur Teiltöne mit der Zahneingriffsfrequenz und deren Harmonische. Paart man nun ein gefrästes Rad mit einem geläppten Ritzel, so müssen alle Teiltöne mit anderen Frequenzen als die Zahneingriffsfrequenz von dem gefrästen Rad abgestrahlt werden.

Abbildung 35 zeigt unten den Schrieb einer Drehfehlermessung, der beim Fräsen eines Ritzels ($m_o = 2$; $z_{Ri} = 47$; $\beta_o = 10°15'46"$) aufgenommen wurde. Durch geeignete Anordnung eines Exzenterwechselrades im Wechselräderkasten wurden 235 Fehlerperioden auf das Ritzel aufgebracht. Die Doppelamplitude des Drehfehlers betrug, bezogen auf den Teilkreisdurchmesser des Ritzels (d_o = 95,53 mm), 33,5 µ. Dieses Ritzel wurde mit einem geläppten Rad gepaart und im Geräuschprüfstand untersucht. In Abbildung 35 oben ist die Frequenzanalyse des Laufgeräusches bei einer Ritzeldrehzahl von $n_{Ri} = 1100 \text{ min}^{-1}$ und einem Verspannmoment von 10 mkg in linearem Amplitudenmaßstab zu sehen. Trotz seiner relativ hohen Frequenzlage von 4310 Hz läßt sich der Teilton entsprechend der aufgebrachten Fehlerperiodenzahl noch eindeutig im Frequenzspektrum nachweisen.

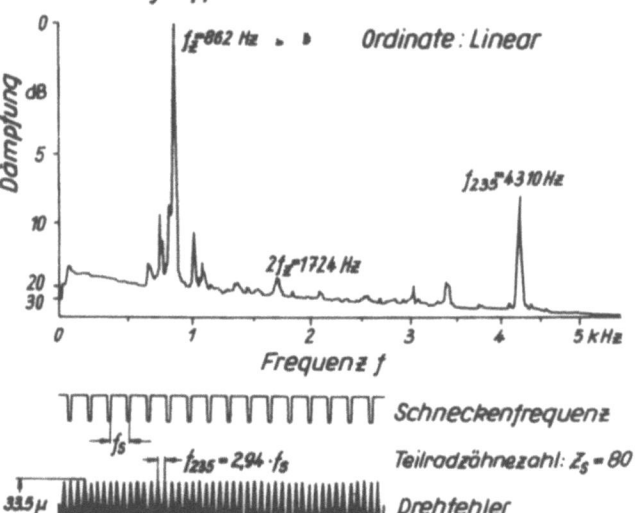

Abbildung 35

Luftschallspektrum eines Zahnradpaares bei
$n_{Ri} = 1100 \text{ min}^{-1}$; Md = 10 mkg;
Ritzel: 235 Drehfehler/Radumfang

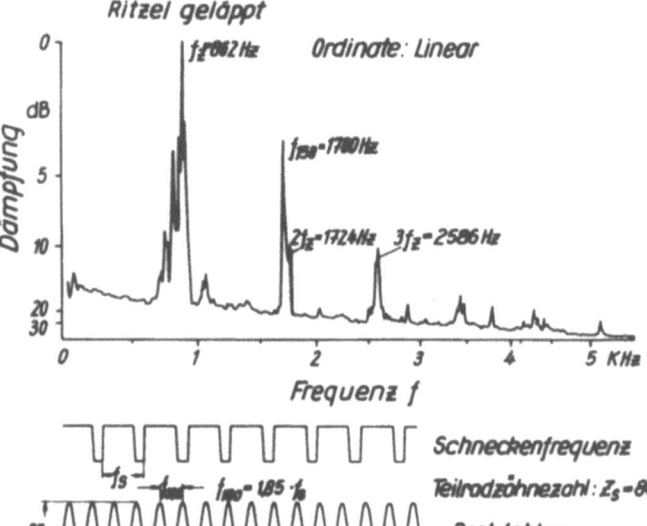

Abbildung 36

Luftschallspektrum eines Zahnradpaares bei
$n_{Ri} = 1100 \text{ min}^{-1}$; Md = 10 mkg;
Ritzel: geläppt; Rad: 150 Drehfehler/Radumfang

Abbildung 36 stellt in analoger Weise die Ergebnisse für ein Rad dar, auf das durch geeignete Exzenterradanordnung im Wechselräderkasten beim Fräsen 150 Fehlerperioden aufgebracht wurden ($m_o = 2$; $z_{Ra} = 78$; $ß_o = 10°15'46"$). Der Drehfehlerschrieb unten in Abbildung 36 läßt einen Drehfehler von 25 µ Doppelamplitude - bezogen auf den Teilkreisdurchmesser des Rades ($d_o = 154,47$ mm) - erkennen. Abbildung 36 zeigt oben - bei gleicher Drehzahl und Empfindlichkeit wie in Abbildung 35 aufgenommen - die Suchtonanalyse bei Paarung des gefrästen Rades mit einem geläppten Ritzel. Auch hier ist eindeutig ein Teilton entsprechend den aufgebrachten Fehlern nachweisbar.

Abbildung 37 zeigt bei gleicher Drehzahl und gleicher Analysierempfindlichkeit wie in den Abbildungen 35 und 36 die Suchtonanalyse bei Paarung des Ritzels mit 235 Fehlerperioden je Radumfang mit dem Rad, auf dessen Umfang 150 Fehlerperioden aufgebracht wurden. Beide Teiltöne treten jetzt im Spektrum auf.

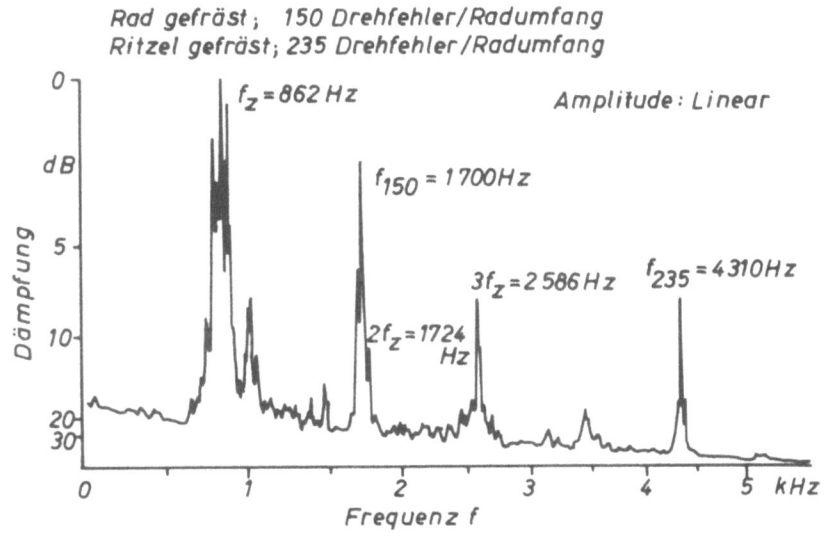

A b b i l d u n g 37

Luftschallspektrum eines Zahnradpaares bei
$n_{Ri} = 1100$ min^{-1}; Md = 10 mkg;
Ritzel: 235 Drehfehler/Radumfang; Rad 150 Drehfehler/Radumfang

Die an Großgetrieben wiederholt gefundenen Ergebnisse über Auswirkungen von Maschinenfehlern im Getriebegeräusch lassen sich also im Modellversuch nachweisen. In den nachfolgenden Betrachtungen an Modellrädern wurde untersucht, ob eine nach dem Fräsen vorgenommene Bearbeitung von Zahnrädern Fehler auf den Zahnflanken soweit beseitigen kann, daß die durch diese Fehler angeregten Teiltöne im Spektrum abgebaut werden.

2. 35 Die Auswirkung des Läppens auf das Laufverhalten
     gefräster Zahnräder

Im Großgetriebebau findet häufig nach dem Fräsen ein Läppen der Zahnräder statt mit dem Ziel, Geräusch- und Verschleißverhalten zu verbessern. Aus diesem Grunde wurden in Verbindung mit den Lebensdauer- und Geräuschuntersuchungen Läppversuche an Zahnrädern durchgeführt.

Unter Läppen wird im allgemeinen ein Arbeitsverfahren verstanden, bei dem Werkzeug und Werkstück, ohne zwangsläufige Führung beider Teile, unter Verwendung eines lose aufgebrachten Schleifmittels und bei fortwährender Richtungsänderung aufeinander gleiten.

Unter Zahnradläppen versteht man ein Arbeitsverfahren, bei dem unter Zugabe eines aufgeschlämmten Schleifmittels Zahnräder paarweise einlaufen. Es handelt sich hierbei um einen gesteuerten Abtrag der Zahnflanken. Art und Größe dieses Abtrages hängen vom Ausgangszustand der Flankenform, der relativen Gleitgeschwindigkeit der Flanken, der Wälzpressung, der Läppdauer und -belastung, dem Läppmittel, dem Werkstoff sowie den Eingriffsverhältnissen der Räder ab.

A b b i l d u n g 38
Zahnrad-Läppvorrichtung

Die Läppversuche wurden unter verschiedenen Bedingungen durchgeführt, um günstige Abtragsverhältnisse auf den Zahnflanken beim Läppen von Satzrädern zu finden. In dem für diese Versuche erstellten Läppstand kämmten Rad und Ritzel unter Belastung und bei fortwährender Zugabe

von Läppaste miteinander. Die Belastung erfolgte durch ein Bremsmoment
- Abbildung 38. Wegen der relativ großen Zahnbreite der untersuchten
Räder (b = 70 mm) ist ein achsparalleler, taumelfreier und schlagfreier Lauf der Aufnahmewelle wichtig. Vor jedem Läppversuch wurden Rundlauf und Achsparallelität mittels Mikrokator überprüft. Bereits ein
Zahnrichtungsfehler von 4μ pro 70 mm Zahnbreite wirkt sich in einer
deutlich erkennbaren ungleichmäßigen Oberflächenglättung aus. Die damit verbundene ungleichmäßige Belastungsverteilung kann, wie noch gezeigt wird, die Flankenform ungünstig beeinflussen.

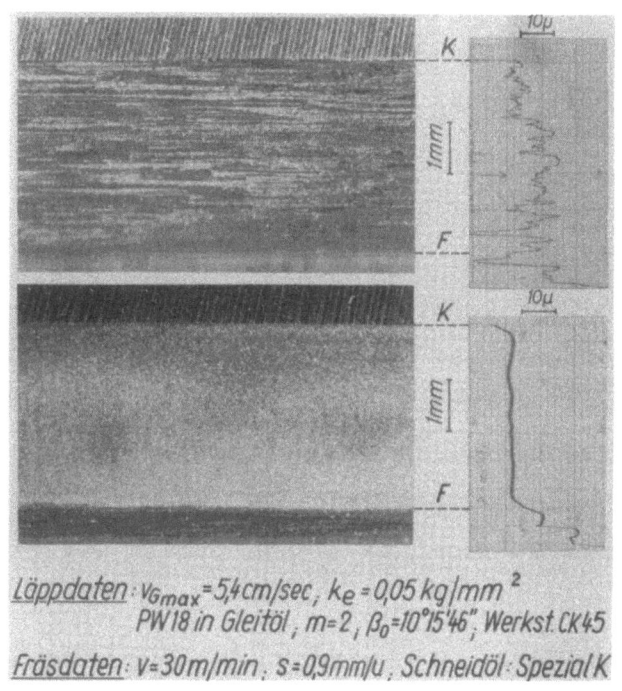

A b b i l d u n g 39
Oberfläche und Flankenformfehlerdiagramm
vor und nach dem Läppen

Die relative Gleitgeschwindigkeit und die Flächenpressung verteilen
sich nicht gleichmäßig über der Eingriffsstrecke bzw. Zahnflankenhöhe.
Daher besteht beim Zahnradläppen ohne achsiale und tangentiale Zusatzbewegung die Gefahr, daß sich Flankenformfehler ausbilden. Bei den Versuchen wurde die Flankenformveränderung besonders aufmerksam beobachtet.
Zu diesem Zweck war es erforderlich, die Zahnflanke bei möglichst großer Vertikalvergrößerung abzutasten. Die mechanische Vergrößerung vorhandener Evolventenprüfgeräte erwies sich als nicht ausreichend. Daher
wurde der Tastkopf eines vorhandenen Prüfgerätes so umgebaut, daß die
Tastauslenkung elektrisch verstärkt werden konnte. Auf diese Weise

ließ sich eine 2500fache Rauhigkeits- bzw. Flankenformfehlervergrößerung erreichen. Wegen der Oberflächenrauhigkeiten vor dem Läppen wurde bei allen Schrieben einheitlich eine 1000fache Vergrößerung benutzt.

Als Läppmittel wurde Siliziumkarbid (SiC) mit einer angegebenen mittleren Korngröße von 18μ gewählt. Eine mikroskopische Untersuchung ergab eine Durchmesserstreuung bei den einzelnen Körnern zwischen 5μ und 25μ. Das Läppulver wurde mit Gleitöl mit 4,5°E bei 50°C als Schmier- und Schlämmittel im Volumenverhältnis 2 : 1 gemischt, die Läppaste beim Läppen in sirupartigem Zustand mit einem Pinsel ständig aufgetragen und verteilt.

Die im folgenden besprochenen Läppergebnisse wurden an Zahnrädern mit Modul 2, 70 mm Zahnbreite, $\beta_o = 10°15'46''$ und $20°$ Zahneingriffswinkel gewonnen.

In Abbildung 39 ist eine gefräste Flanke mit einer geläppten verglichen. Aus den Flankenformdiagrammen folgen für die gefräste Fläche Fräsriefen von ca. 10μ Tiefe, für die geläppte Fläche ergeben sich Rauhigkeiten von weniger als 1μ. Eine Rauhigkeitsabnahme ist stets mit dem Einlaufläppen verbunden, und zwar unabhängig von der Beeinflussung der Flankenformfehler, die wesentlich von der Wahl der Läppbedingungen abhängt. Auf dem Oberflächenphoto der geläppten Flanke sind keine Riefen erkennbar. Durch das Läppen erhält die gefräste Oberfläche

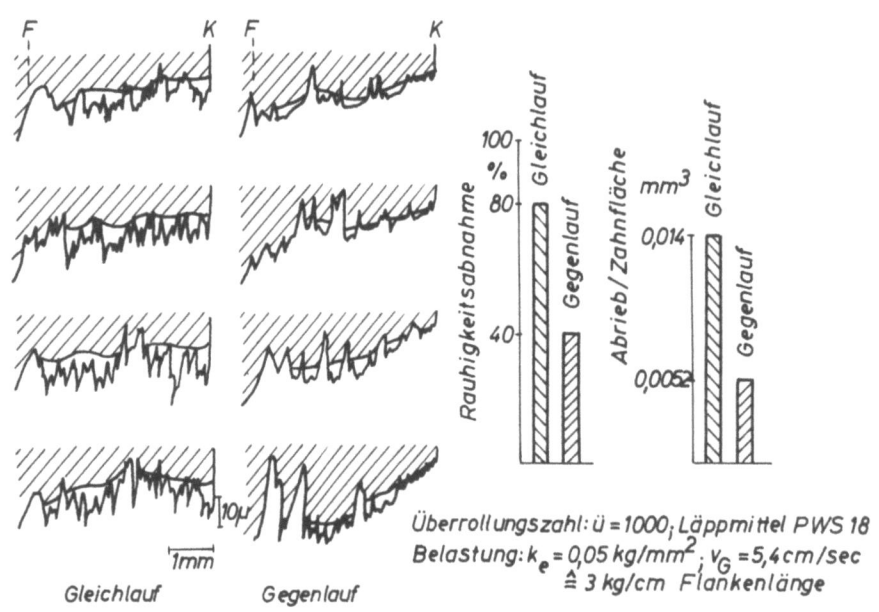

A b b i l d u n g   40
Abnahme von Flankenrauhigkeiten durch Läppen

ein sandartiges Aussehen. Hinsichtlich Verschleiß und Geräusch verhält sich die geläppte Oberfläche günstiger als die gefräste. Die Auswirkung des Ausgangszustandes der Flankenform auf das Läppergebnis sei an den Abbildungen 40 und 41 erläutert. In Abbildung 40 sind mehrere Flankenformschriebe für vier im Gleichlauf gefräste Ritzelflanken zusammenge-

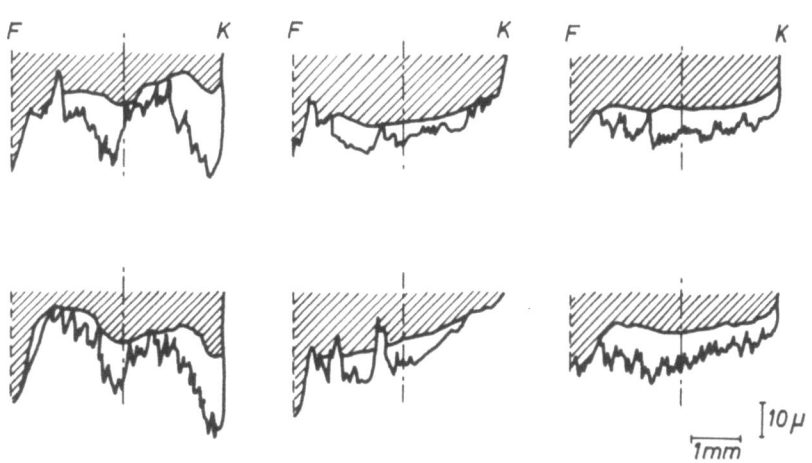

4000 Überrollungen; $k_e = 0{,}05\,kg/mm^2$; $v_{G\,max} = 5{,}4\,cm/sec$; PWS 18 in Gleitöl
$\beta_0 = 10°\,15'46''$; $m_n = 2$; $Z = 47$; Werkstoff: Ck 60

A b b i l d u n g   41
Abnahme von Flankenformfehlern durch Läppen

stellt, aus denen die Rauhigkeitsabnahme beim Läppen mit 1000 Ritzelüberrollungen hervorgeht. Während sich die im Gegenlauf gefrästen Flanken durch erhabene Spitzen auszeichnen, werden auf den im Gleichlauf gefrästen Flanken Riefen im Material ausgebildet. Die Rauhigkeitsspitzen auf den im Gleichlauf gefrästen Flanken werden, bedingt durch den geringen Traganteil, schneller beseitigt als auf den im Gegenlauf gefrästen, so daß dort eine schnellere Oberflächenglättung erfolgen kann. Der Einfluß des Flankenformfehlers auf das Läppergebnis nach 4000 Ritzelüberrollungen im Läppstand zeigt Abbildung 41 für verschiedene Flankenformfehler an sechs Ritzeln. Die Flanken mit geringerem Fehler werden gleichmäßiger abgenutzt. Die Abriebsmenge hängt daher vom Flankenformfehler ab.

Setzt man eine fehlerlose Flankenform vor dem Läppen voraus, so wird die Abriebverteilung über der Zahnhöhe durch Belastung und Verteilung der relativen Gleitgeschwindigkeit bestimmt, d.h. der Abrieb im Eingriffspunkt ist eine Funktion der Normalkraft P_N und der relativen Gleitgeschwindigkeit v_G, Abbildung 42.

Man erkennt, daß sich eine zu hohe Gleitgeschwindigkeit nicht in dem Maße ungünstig auswirkt wie eine zu hohe Belastung. Insbesondere führt eine zu hohe Belastung im Teilkreisgebiet zu Flankenformfehlern in Form typischer Höcker bzw. an Zahnkopf und Zahnfuß zu einer starken, d.h. das Evolventenprofil verschlechternden Materialabnahme.

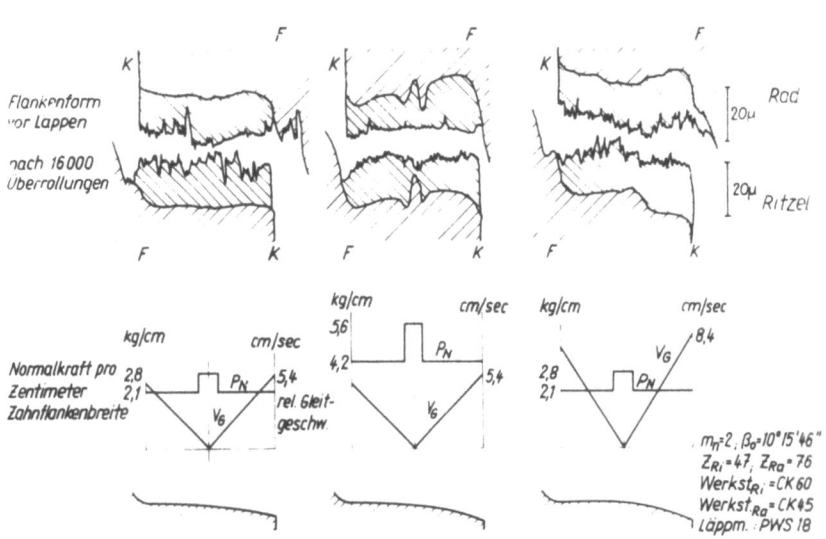

Abbildung 42
Einfluß von Gleitgeschwindigkeit und Belastung beim Läppen

Die optimalen Läppdaten liegen bei den untersuchten Radabmessungen bei $k_e = 0,05$ kg/mm^2 und $v_G = 5,4$ cm/s - 7,4 cm/s.

Die Läppversuche an gefrästen Zahnradpaaren mit Modul 2 und 10°15'46" Zahnschräge zeigten, daß sich durch die Wahl geeigneter Läppbedingungen, die in erster Linie durch relativ geringe Belastungen gekennzeichnet sind, Rauhigkeiten und insbesondere auch Formfehler der Zahnflanken abbauen lassen. Wie weiter ermittelt wurde, hängt die erreichbare Flankenformverbesserung außer von der Belastung beim Läppen sehr wesentlich vom Ausgangszustand der Zahnflanken ab.

Neben den Flankenrauhigkeiten sind insbesondere die Flankenformfehler von unmittelbarem Einfluß auf die Ausbildung des Geräuschspektrums, da sich bekanntlich Drehfehler im Tischantrieb der Wälzfräsmaschine als Flankenformfehler auswirken. Gelingt es also, durch Läppen Flankenformfehler zu beseitigen, so ist eine Pegelsenkung im Laufgeräusch zu erwarten.

Die beiden mit definierten Fehlern gefrästen Zahnräder, deren Spektrum Abbildung 37 zeigt, wurden im Läppstand unter optimaler Läppbelastung mit 6000 Ritzelüberrollungen und einer Ritzeldrehzahl von 60 min^{-1} geläppt, anschließend im Geräuschprüfstand unter gleichen Bedingungen und bei gleicher Geräteempfindlichkeit wie bei den Räderkombinationen in Abbildung 35 bis 37 untersucht. In Abbildung 43 ist oben die Suchtonanalyse wieder in linearem Amplitudenmaßstab, unten ergänzend in logarithmischem dargestellt. Die beiden Maschinenfehler sind nicht mehr durch ihre Teiltöne nachweisbar.

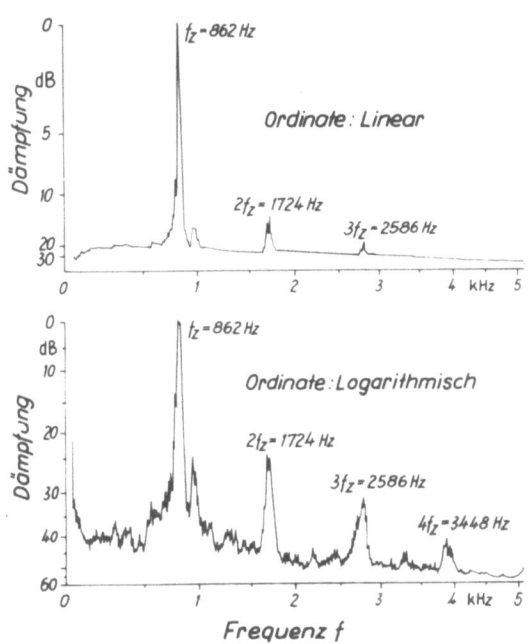

A b b i l d u n g   43

Luftschallanalyse eines Zahnradpaares bei
$n = 1100$ min^{-1}; $Md = 10$ mkg nach dem Läppen

In Abbildung 44 sieht man den Luftschallpegel für die gleiche Radkombination bei einem Verspannmoment von $Md = 10$ mkg vor und nach dem Läppen in Abhängigkeit von der Ritzeldrehzahl. Die Kurve 1 gilt für den Ausgangspegel, Kurve 2 für den Pegel nach dem Läppen. Die durch das Läppen erreichte Pegelsenkung beträgt bei diesem Radpaar etwa 4 bis 5 db.

Mit dem Läppen war ein Abbau des Einzelteilungsfehlers verbunden. Vor dem Läppen lag der Einzelteilungsfehler der mit den definierten Fehlern gefrästen Räder in Qualität 6. Durch das Läppen wurde die Qualität auf 3 verbessert. Gleichzeitig wurde der Flankenformfehler von 10 μ auf 3 μ gesenkt.

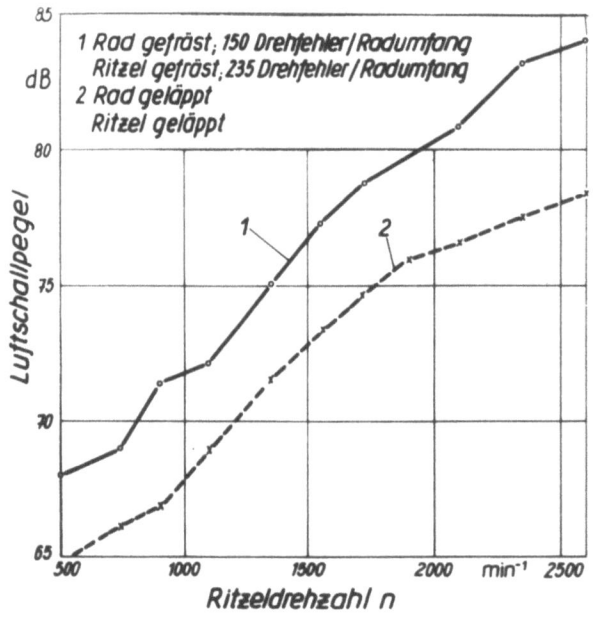

Abbildung 44

Summenpegel eines Zahnradpaares vor und nach dem Läppen

An zwei weiteren Radpaaren, Nr. 1 und Nr. 2, (z_1 = 48; z_2 = 77; $ß_o$ = 10°15'46"; m_o = 2) sei gezeigt, welche Pegelabsenkung bei einer realtiv schlechten Ausgangsqualität zu erreichen ist. Beide Ritzel hatten nach dem Fräsen im Einzelteilungsfehler Qualität 7, Rad Nr. 28, Qualität 8, Rad Nr. 30 Qualität 9. Die Flankenformfehler lagen bei sämtlichen Rädern und Ritzeln um 10µ.

In Abbildung 45 ist oben der Summenpegel der beiden Radpaare bei einer konstanten Ritzeldrehzahl von n_{Ri} = 1700 min^{-1}, einem Verspannungsmoment im Geräuschprüfstand von 10 mkg und einer Ölschmierung von 2 l/min in Abhängigkeit vom Läppzustand dargestellt. Der Läppzustand wird durch die Anzahl der Ritzelüberrollungen im Läppstand bestimmt. Beide Radpaare wurden bis 6000 Ritzelüberrollungen in Stufen von je 2000 Überrollungen geläppt, dann in Stufen von je 10 000 Überrollungen bis insgesamt 26 000 Gesamtüberrollungen, in dem bei jeder Überrollungszahl erreichten Läppzustand gemessen und das Laufverhalten im Geräuschprüfstand untersucht.

In der unteren Hälfte von Abbildung 45 ist die Verbesserung der Evolvente, d.h. die Abnahme des Flankenformfehlers und der Flankenrauhigkeit in Abhängigkeit von der Überrollungszahl, dargestellt. Die Läppbedingungen wurden für diese Radpaare optimal gewählt, d.h. Stribecksche Wälzpressung 0,05 kg/mm^2 und Ritzelüberrollungsdrehzahl 60 min^{-1}.

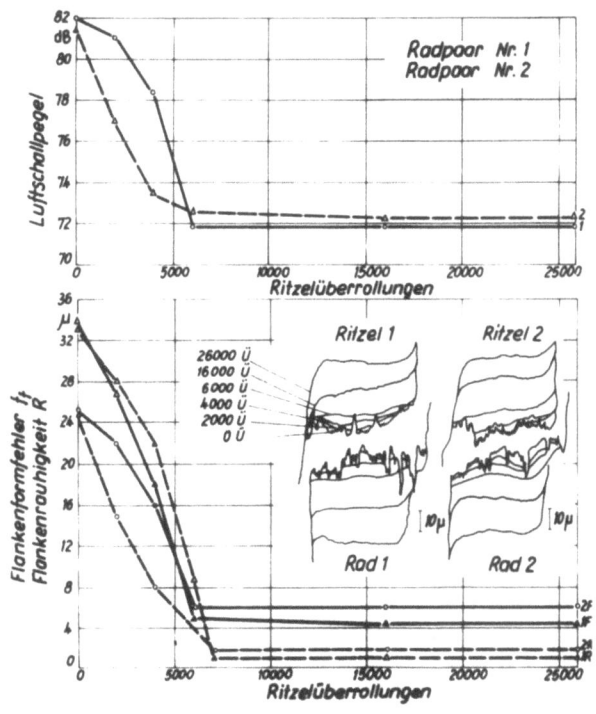

Abbildung 45
Einfluß des Läppens auf Flankenrauhigkeit,
Flankenformfehler und Luftschallpegel

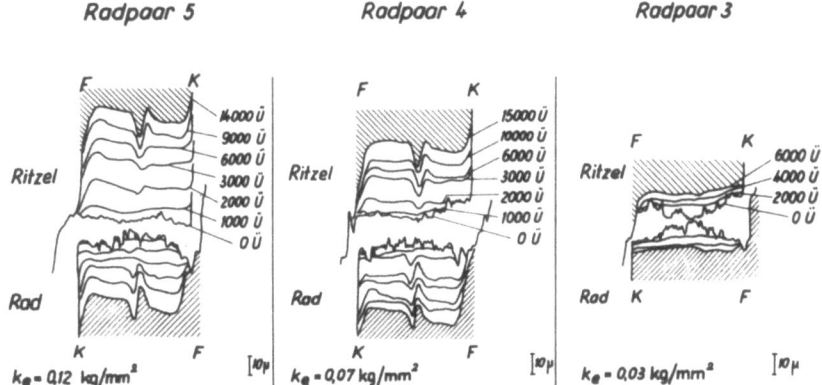

Abbildung 46
Einfluß unterschiedlicher Läppbelastung auf
Flankenrauhigkeit und Flankenformfehler

Die Flankenformfehler sind als fest ausgezogene Kurve, die Flankenrauhigkeiten gestrichelt, und zwar als Summe für Rad und Ritzel eingezeichnet. Aus den Flankenformfehlerdiagrammen rechts unten im Bild folgt nach 6000 Überrollungen eine maximale Evolventenverbesserung sowohl für das Ritzel als auch für das Rad. Die Flankenrauhigkeit und auch der Flankenformfehler bleiben, wenn mit Optimalbedingungen weitergeläppt wird, konstant. Eine Verschlechterung der Evolvente tritt demnach durch zu langes Ausdehnen der Läppbearbeitung nicht auf, lediglich das Flankenspiel wird vergrößert. Im oberen Teil des Bildes erkennt man in der Abnahme des Summenpegels eine ähnliche Tendenz wie bei der Abnahme des Flankenformfehlers. Durch Verbesserung der relativ schlechten Ausgangsevolventen konnte im vorliegenden Beispiel eine Pegelsenkung von rund 10 db erreicht werden.

Die vorangegangenen Beispiele zeigen, daß das erreichbare Läppergebnis u.a. wesentlich vom Ausgangszustand der Evolvente abhängt. An einem weiteren Satz von drei Versuchsrädern 3,4 und 5 sollte der Einfluß unterschiedlicher Läppbelastung auf das Läppergebnis und das Laufverhalten näher betrachtet werden. Es leuchtet ein, daß für diese Versuchsreihe die Versuchsräder nahezu gleiche Ausgangsbedingungen, insbesondere gleiche Flankenformfehler, d.h. auch gleiche Ausgangspegel, haben müssen. Mit dieser Auflage wurden drei Radpaare im Gegenlauf gefräst.

Die drei Radpaare hatten folgende Fehler:

	Ritzel 1	Rad 1	Ritzel 2	Rad 2	Ritzel 3	Rad 3
Einzelteilungsfehler f_t	5 µ	6 µ	4 µ	10 µ	6 µ	6 µ
Summenteilungsfehler F_t	52 µ	65 µ	40 µ	35 µ	40 µ	42 µ
Flankenformfehler f_f	10 µ	12 µ	10 µ	12 µ	10 µ	12 µ

Die Belastungen beim Läppen betrugen k_e = 0,03; 0,07 und 0,12 kg/mm^2 bei einer Läppdrehzahl von n = 80 min^{-1}. Die Flankenformfehlerdiagramme der drei Radpaare sind in Abbildung 46 für verschiedene Läppstufen zusammengestellt. Man erkennt, daß bereits nach relativ niedrigen Überrollungszahlen die Flankenrauhigkeiten abgebaut und die beste Flankenform erreicht wird. Bei der geringen Läppbelastung bleibt die gute Evolvente erhalten, lediglich das Flankenspiel wird durch weiteren Abtrag d.h. durch Verlagerung der Evolvente erhöht. Mit zunehmender Läppbelastung bildet sich - mehr oder weniger ausgeprägt - im Teilkreis, d.h. im Teilkreisgebiet, wo die Umkehr der Gleitgeschwindigkeit erfolgt, ein typischer Flankenformfehler in Form eines Höckers aus.

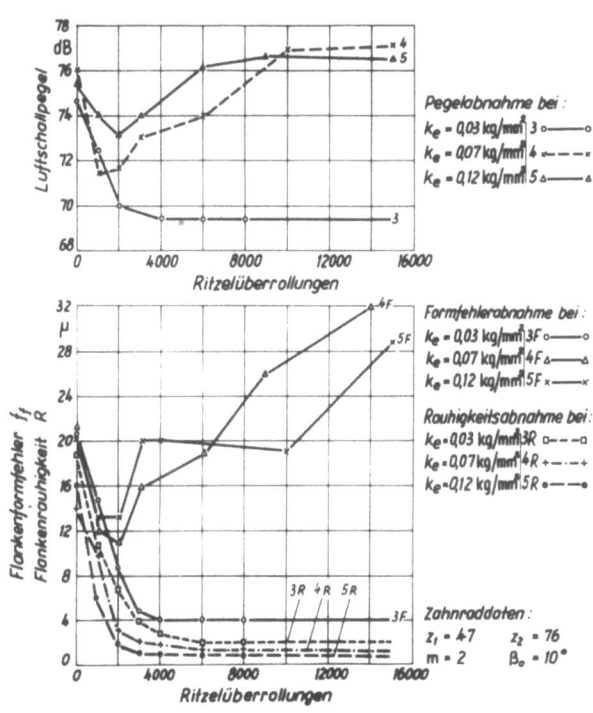

A b b i l d u n g 47
Einfluß unterschiedlicher Läppbelastung auf Flankenrauhigkeit, Flankenformfehler und Luftschallpegel

In Abbildung 47 sind wieder die Ergebnisse der Luftschallmessungen sowie die der Verzahnungsmessungen bei den verschiedenen Läppstufen zusammengestellt. Der obere Bildteil zeigt die Luftschallpegel, der untere Bildteil die Flankenformfehler und -rauhigkeiten der drei Radpaare in Abhängigkeit von der Ritzelüberrollungszahl. Man sieht, daß der Ausgangspegel der drei Radpaare zwischen 74 und 76 db liegt. Mit steigender Überrollungszahl sinkt der Pegel ab, bei der geringen Läppbelastung - Kurve 3 für k_e = 0,03 kg/mm^2 - auf einen Mindestwert von etwa 69 db, der ab 4000 Überrollungen praktisch konstant bleibt. Bei k_e = 0,07 kg/mm^2 wird ein geringster Pegel bereits nach 1000 Überrollungen erreicht, mit höherer Überrollungszahl steigt der Summenpegel jedoch wieder an. Entsprechendes gilt für die noch höhere Läppbelastung k_e = 0,12 kg/mm^2. Man kann demnach durch Wahl ungünstiger Läppbedingungen die Evolvente verschlechtern bzw. über den Bestzustand hinwegläppen. Man erkennt ferner, daß bei zu hoher Belastung beim Läppen die maximale Pegelsenkung nicht mehr erreicht wird. Schließlich ist bei Vergleich der drei Kurvenzüge für Summenpegel, Flankenrauhigkeit und Flankenformfehler zu erkennen, daß offensichtlich der Flankenformfehler den entscheidenden Einfluß auf die Pegelabnahme hat. Bei höheren Überrollungen bleibt die Flankenrauhigkeit praktisch konstant, Flankenformfehler und Summenpegel steigen jedoch wieder in ähnlicher Weise an. Sowohl für Flankenformfehler als auch Summenpegel ändert sich bei höheren Überrollungszahlen der Kurvenverlauf sprunghaft. Dies folgt aus der Tatsache, daß die Höckerbildung auf der Zahnflanke nicht einwandfrei zu beherrschen ist. Nach jedem Geräuschversuch werden die Räder wieder in den Läppstand eingebaut und weitergeläppt. Dabei sind Achsverschiebungen um einige Mikrometer unvermeidlich, was dazu führen kann, daß innerhalb der nächsten Anzahl Überrollungen die Höckerbildung derart erfolgt, daß der bereits vorhandene Höcker abgebaut und etwas seitlich versetzt neu gebildet wird, so daß nach einer Überrollungszahl der Flankenformfehler etwas geringer sein kann als nach der vorhergegangenen. Weiter ist der Abbildung 47 zu entnehmen, daß durch langes Läppen unter ungünstigen Läppbedingungen die Höckerbildung so stark werden kann, daß der Summenpegel des Radpaares über den Ausgangspegel gehoben wird.

In Abbildung 48 sind drei Luftschallspektren gleicher Empfindlichkeit mit logarithmischem Amplitudenmaßstab für verschiedene Läppzustände des gefrästen Radpaares zusammengestellt, das mit k_e = 0,07 kg/mm^2

geläppt wurde. Hierfür gelten die mittleren Flankenformfehlerschriebe in Abbildung 46. Die Ritzeldrehzahl im Geräuschprüfstand betrug wieder 1700 min^{-1}. Das obere Spektrum gilt für den Ausgangszustand des Rad-

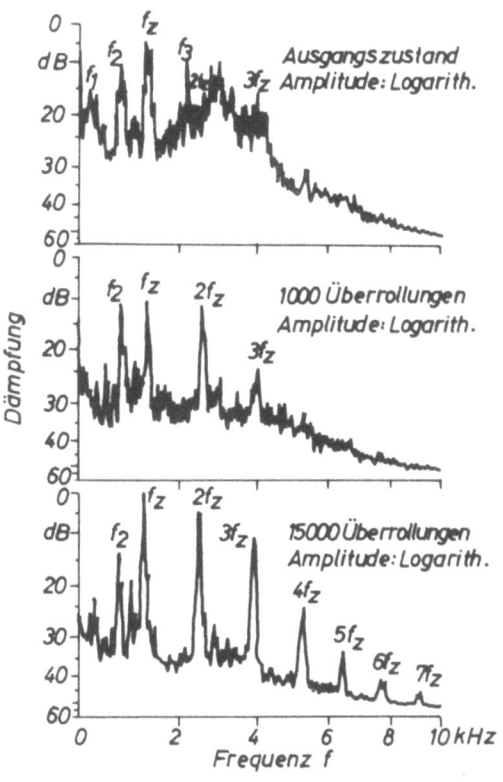

Abbildung 48

Luftschallspektren bei verschiedenen Läppzuständen

paares, also 0 Überrollungen. Aus Abbildung 47 ist an Kurve 4 ein Ausgangspegel von 76 db zu entnehmen. Im Spektrum läßt sich neben den ausgeprägten Teiltönen bestimmter Frequenzen, insbesondere zwischen 2,5 und 6 kHz ein angehobenes Rauschband erkennen.

Das mittlere Spektrum entspricht dem Flankenzustand nach 1000 Ritzelüberrollungen bei $k_e = 0,07$ kg/mm^2. Nach Abbildung 47 wird hier für diese Läppbelastung die größte Pegelabsenkung - etwa 4 db - erreicht. Gleiches gilt für den Flankenformfehler, während die Flankenrauhigkeit zwar absinkt, jedoch mit weiterer Überrollungszahl noch geringer wird. Im Spektrum sinkt die Amplitude des Teiltones f_z um rund 6 db, das Rauschband im oberen Frequenzband zwischen 2,5 und 5 kHz verschwindet, wodurch 2 f_z erst eindeutig erkennbar wird.

Das untere Spektrum wurde nach 15 000 Überrollungen aufgenommen. Das Flankenformfehlerdiagramm ist hierbei für Ritzel und Rad durch einen ausgeprägten Höcker gekennzeichnet, der Summenpegel steigt auf 77 db an, also etwas über den Ausgangspegel. Das Spektrum ist praktisch charakterisiert durch den Teilton mit der Zahneingriffsfrequenz bzw. dessen Harmonische.

2.36 Ergebnisse über das Geräuschverhalten
feinbearbeiteter Zahnräder

Bekanntlich hängt das Lästigkeitsempfinden eines Geräusches außer von dem absoluten Summenpegel und anderen Größen, wie Amplitudenmodulation einzelner oder mehrerer Teiltöne, insbesondere auch von der Frequenzzusammensetzung ab. Zwei Geräusche können daher trotz gleichen Summenpegels als sehr unterschiedlich unangenehm beurteilt werden. Es kann sogar der Fall eintreten, daß beim Vergleich von zwei Zahnradpaaren das Geräusch des Radpaares mit dem niedrigeren Summenpegel als unangenehmer empfunden wird als das des Räderpaares mit dem höheren Pegel. Der Unterschied kann in der unterschiedlichen Frequenzzusammensetzung des Geräusches liegen.

Verzahnungs-fehler	μ	Ritzel	Rad	DIN - Qualitäten Ritzel	Rad
Schnecken-schliff	f_u	3	4	3	4
	f_t	3	3	3	3
	F_t	18	37	5	7
Kreuzschliff	f_u	5	4	5	4
	f_t	4	3	4	4
	F_t	21	38	6	7
Läppen	f_u	2	2	2	2
	f_t	3	2	3	2
	F_t	29	11	7	3
Schaben	f_u	2	3	2	3
	f_t	2	2	2	2
	F_t	4	8	1	2

Abbildung 49
Verzahnungsfehler und DIN-Qualitäten
feinbearbeiteter Räder

Die Zusammenhänge seien an vier feinbearbeiteten Räderpaaren erläutert. Folgende Bearbeitungsverfahren fanden Anwendung:

Schneckenschliff, Kreuzschliff, Schaben und Läppen.

Die Ergebnisse der Verzahnungsmessung sowie die Qualitäten der Radpaare sind in den Abbildungen 49 und 50a bis d zusammengestellt.

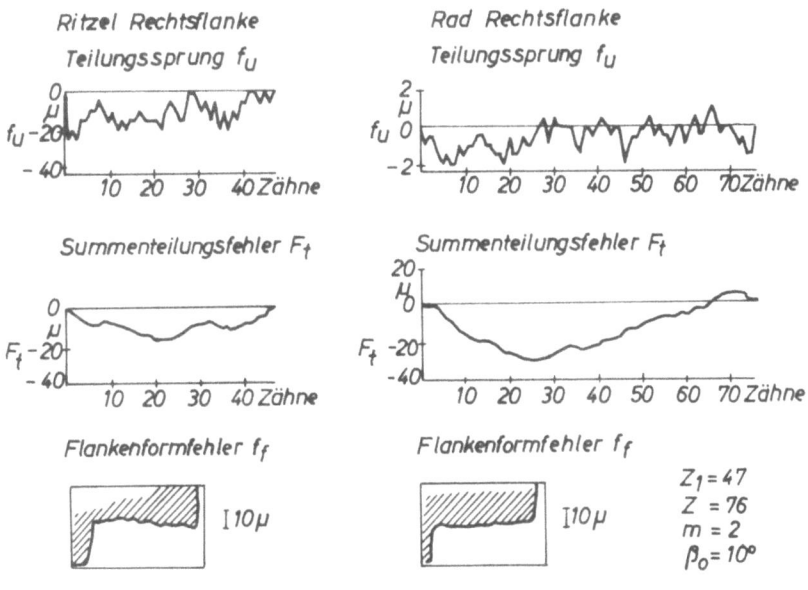

Abbildung 50a

Fehler eines Zahnradpaars mit Schneckenschliff

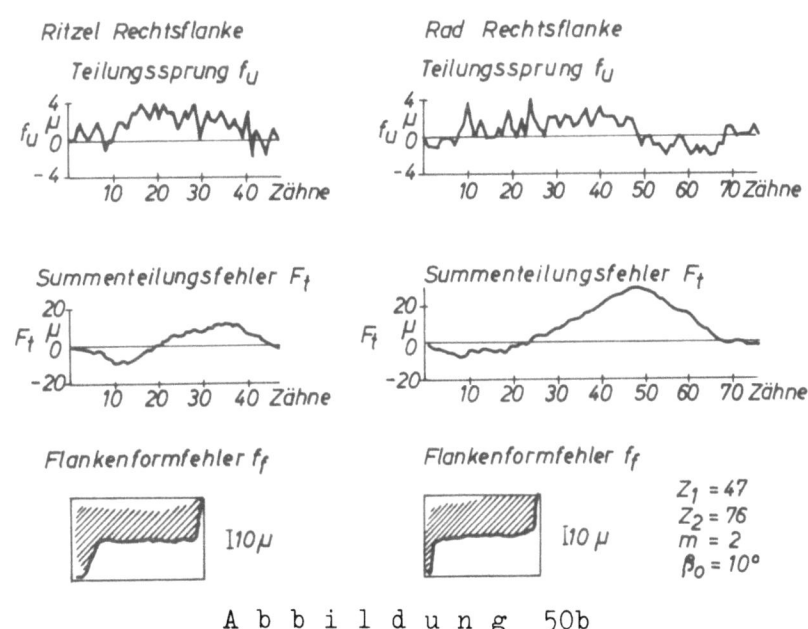

Abbildung 50b

Fehler eines Zahnradpaares mit Kreuzschliff

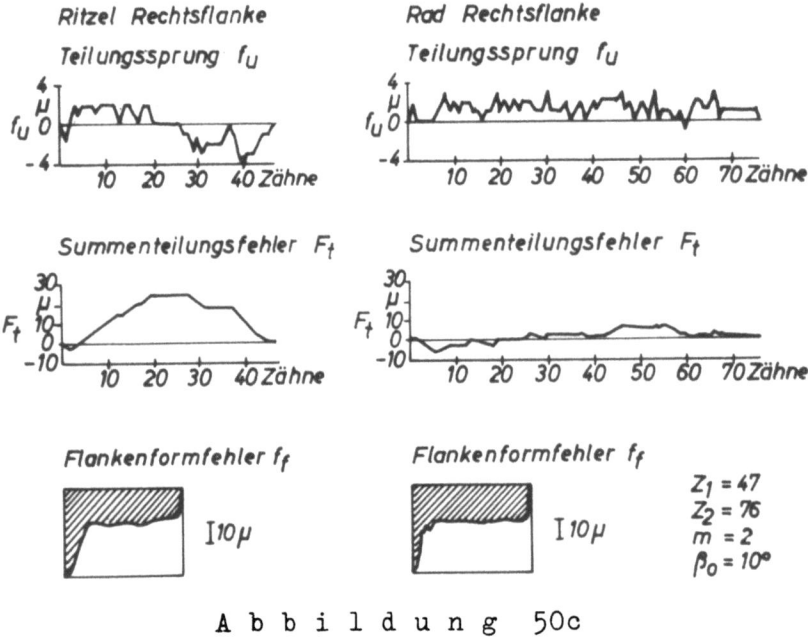

Abbildung 50c
Fehler eines geläppten Zahnrades

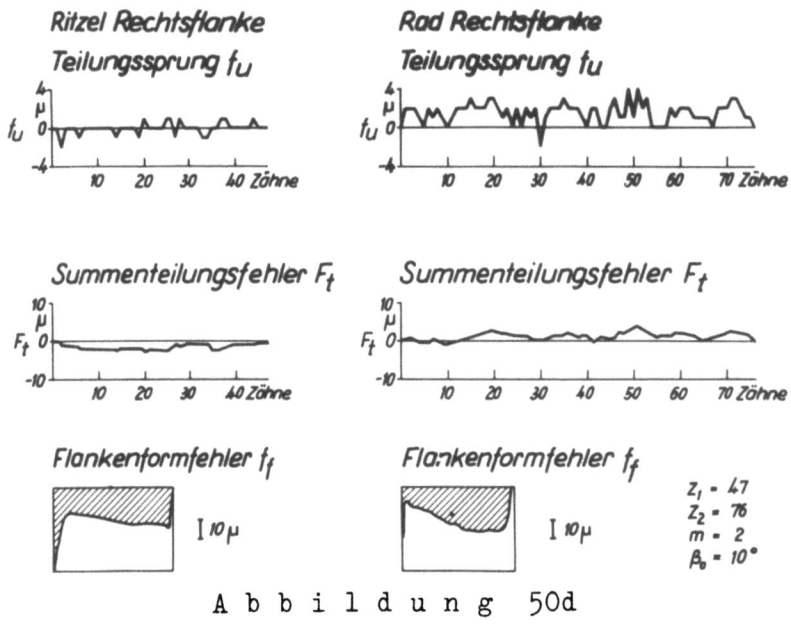

Abbildung 50d
Fehler eines geschabten Zahnradpaares

In Abbildung 51 ist der Luftschallsummenpegel in Abhängigkeit von der Ritzeldrehzahl für die vier Versuchsräderpaare aufgetragen. Bei Paarung der Rechts- oder Linksflanken ergaben sich geringe Pegelunterschiede von 1 bis 3 db. Aufgetragen wurde der besseren Übersicht wegen jeweils der Pegel für die leisere Flankenkombination.

Der Pegelverlauf des Radpaares mit Kreuzschliff ergibt die stärkste Abhängigkeit des Summenpegels von der Ritzeldrehzahl. Auffallend ist der Pegelanstieg unterhalb 1100 min^{-1}. Der Kurvenverlauf wurde zu mehreren Zeitpunkten wiederholt reproduziert und gilt für beide Flankenpaarungen. Die Ursache für diesen von den übrigen Kurven abweichenden

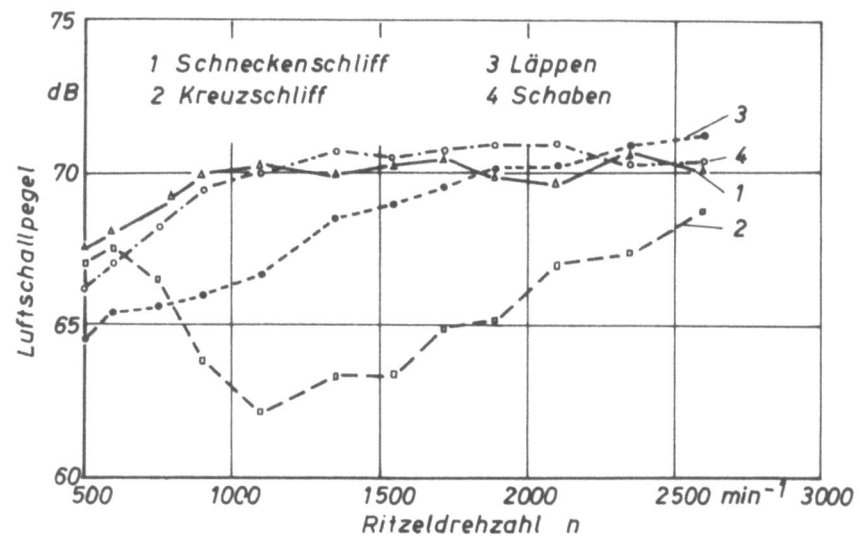

A b b i l d u n g   51

Luftschallsummenpegel feinbearbeiteter Zahnradpaare

Verlauf kann in dem unterschiedlichen Einfluß des Kreuzschliffes auf das Ölgeräusch bei niedrigen und hohen Drehzahlen liegen. Bei niedrigen Drehzahlen ist das Zahngeräusch relativ gering. Das zwischen die Flanken fließende Öl wird nach außen gepreßt, und das entstehende Quetschgeräusch bestimmt den Summenpegel. Bei hohen Drehzahlen tritt in zunehmendem Maße eine Verwirbelung des Öles auf. Dabei ist das entstehende Ölgeräusch nicht mehr für den Summenpegel bestimmend, stattdessen das Zahnradgeräusch. Der Kurvenzug für das geläppte Radpaar gilt für ein auf Bestzustand geläpptes Radpaar. Man erkennt, daß der Pegel des geläppten Radpaares auf den geschliffener bzw. geschabter Räder gebracht werden kann.

Zwischen dem Radpaar mit Schneckenschliff und dem mit geschabter Oberfläche ergeben sich keine Pegelunterschiede.

Abbildung 52 zeigt vier Frequenzanalysen in logarithmischem Amplitudenmaßstab bei gleicher Analysierempfindlichkeit und gleicher Ritzeldrehzahl von $n_{Ri} = 1100$ min^{-1}. Der Pegel liegt für das Radpaar mit Schneckenschliff bei etwa 70 db, für das geschabte Radpaar gleichfalls bei etwa 70 db, für das mit geläppter Verzahnung bei 66 db und für das mit Kreuzschliff bei 62 db.

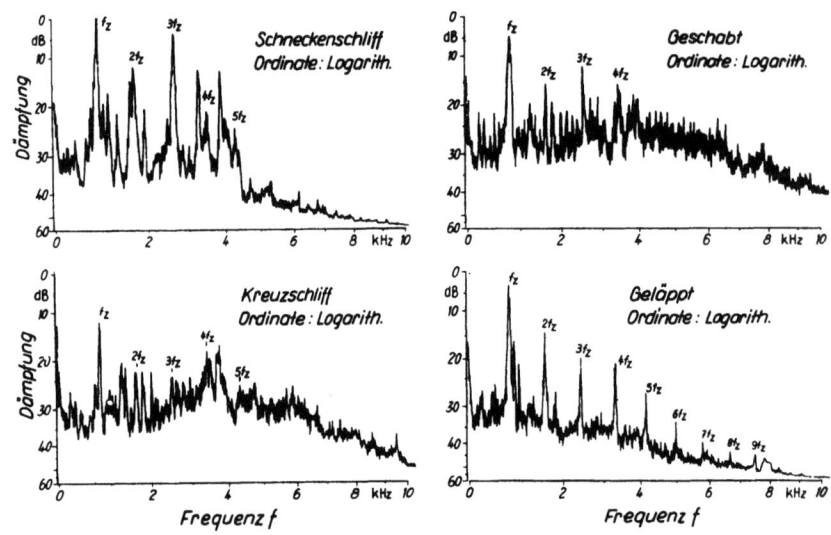

Abbildung 52

Luftschallspektren feinbearbeiteter Zahnradpaare bei
$n_{Ri} = 1100$ min^{-1}; Md = 10 mkg
(gleiche Analysierempfindlichkeit)

Das Spektrum mit Schneckenschliff zeigt mehrere ausgeprägte Teiltöne, insbesondere mit der Zahneingriffsfrequenz f_z sowie 3 f_z. Daneben tritt der Teilton mit 2 f_z um 15 db gedämpft auf. Das Spektrum mit Kreuzschliff unterscheidet sich hiervon grundsätzlich. Deutlich erkennbar ist lediglich der Teilton mit f_z, der im Vergleich zu dem des Radpaares mit Schneckenschliff um etwa 10 db gedämpft auftritt. Die übrigen Teiltöne mit den Frequenzen 2 f_z, 3 f_z usw. treten nicht mehr ausgeprägt in Erscheinung. Das gesamte, im Vergleich zu dem des Radpaares mit Schneckenschliff erheblich gedämpfte Spektrum ist statt durch einzelne Teiltöne vielmehr durch ein Rauschband charakterisiert. Das Spektrum des geschabten Radpaares ähnelt diesem Spektrum, liegt jedoch im gesamten Frequenzband in den verschiedenen Teiltonamplituden etwas höher und läßt die einzelnen Harmonischen des Teiltones mit f_z etwas deutlicher in Erscheinung treten.

Als bemerkenswert erweist sich demgegenüber das Spektrum des geläppten Radpaares, das praktisch lediglich durch den Teilton mit der Zahneingriffsfrequenz f_z sowie einer Vielzahl Harmonischer von f_z gekennzeichnet ist. Das Laufgeräusch der vier Radpaare wurde verschiedenen Personengruppen zur Beurteilung vorgeführt. Dabei erwies sich das Geräusch des Radpaares mit Kreuzschliff als das angenehmste, das Geräusch des geläppten Radpaares als das unangenehmste, obgleich der Summenpegel der zweitniedrigste war. Dies ist insofern einleuchtend, als bei dem Geräusch des geläppten Radpaares das Ohr nur durch den Teilton mit der Zahneingriffsfrequenz f_z bzw. Harmonischen von f_z belastet wird, während bei dem Geräusch des Radpaares mit Kreuzschliff statt eines Teiltones mit seinen Harmonischen auf das Ohr eine Vielzahl mehr oder weniger ausgeprägter Teiltöne in Form eines Rauschbandes einwirkt. Das einfache Beispiel zeigt jedoch, daß eine Geräuschbeurteilung durch eine Summenpegelangabe nicht ausreichend sein kann. Es ist daher auch wenig sinnvoll, Geräuschabnahmebedingungen lediglich durch eine Phonangabe zu formulieren, wie dies vielfach im Getriebebau üblich ist.

3. Zusammenfassung

Geräuschuntersuchungen an Großgetrieben ergeben einen eindeutigen Zusammenhang zwischen der Drehfehlermessungen auf der Wälzfräsmaschine und den Körper- und Luftschallmessungen des Getriebegeräusches. Nicht nur Ungenauigkeiten des Teilschneckenrades bzw. der Teilschnecke führen zu Drehfehlern der Planscheibe und damit zu Flankenformfehlern auf der Verzahnung, sondern auch Fehler von Zwischenwellen im Tischantrieb, die vor der Schneckenwelle liegen, kommen in entsprechender Weise zur Auswirkung.

In Form von Grundlagenversuchen lassen sich die an Großgetrieben ermittelten Zusammenhänge zwischen Drehfehlermessungen auf der **Verzahnmaschine** und Geräuschspektrum reproduzieren. Durch Wahl geeigneter Läppbedingungen lassen sich Flankenrauhigkeiten und Flankenformfehler abbauen, was zu einer Pegelsenkung führt. Die erreichbare Pegelsenkung hängt vom Ausgangszustand der Verzahnung ab. Durch Läppen lassen sich insbesondere die durch Drehfehler erzeugten Flankenformfehler beseitigen. Die Beurteilung des Laufgeräusches eines Zahnradpaares nach seinem Luftschallsummenpegel erweist sich als unzureichend, da für die Lästigkeit eines Geräusches dessen Frequenzzusammensetzung von entscheidendem Einfluß ist.

Prof. Dr.-Ing. Herwart Opitz
Dipl.-Ing. Herbert de Jong

Literaturverzeichnis

PIEKENBRINK R. Messung in der Ungleichförmigkeit der Drehbewegung von Verzahnungsmaschinen
VDI-Berichte, 32, (1959)

OPITZ, H. u.a. Untersuchungen an Zahnradbearbeitungsmaschinen
Forschungsbericht des Landes Nordrhein-Westfalen Nr. 806, Westdeutscher Verlag Köln und Opladen

OPITZ, H. und HOPPEN, J. Die Genauigkeit der Wälzbewegung an Zahnradfräsmaschinen, Messung - Fehlerquellenkompensation
Klepzig Fachberichte Nr. 3/März 1960

PIEKENBRINK, R. Ungleichförmige Wälzbewegung an Verzahnungsmaschinen - Messung und Ursache
Industrie-Anzeiger (44), 1959

FORSCHUNGSBERICHTE
DES LANDES NORDRHEIN-WESTFALEN

Herausgegeben durch das Kultusministerium

MASCHINENBAU

HEFT 45
Losenhausenwerk Düsseldorfer Maschinenbau AG., Düsseldorf
Untersuchungen von störenden Einflüssen auf die Lastgrenzenanzeige von Dauerschwingprüfmaschinen
1953, 36 Seiten, 11 Abb., 3 Tabellen, DM 7,25

HEFT 77
Meteor Apparatebau Paul Schmeck GmbH., Siegen
Entwicklung von Leuchtstoffröhren hoher Leistung
1954, 46 Seiten, 12 Abb., 2 Tabellen, DM 9,15

HEFT 100
Prof. Dr.-Ing. H. Opitz, Aachen
Untersuchungen von elektrischen Antrieben, Steuerungen und Regelungen an Werkzeugmaschinen
1955, 166 Seiten, 71 Abb., 3 Tabellen, DM 31,30

HEFT 136
Dipl.-Phys. P. Pilz, Remscheid
Über spezielle Probleme der Zerkleinerungstechnik von Weichstoffen
1955, 58 Seiten, 19 Abb., 2 Tabellen, DM 11,50

HEFT 147
Dr.-Ing. W. Rudisch, Unna
Untersuchung einer drehelastischen Elektromagnet-Synchronkupplung
1955, 82 Seiten, 65 Abb., DM 17,70

HEFT 183
Dr. W. Bornheim, Köln
Entwicklungsarbeiten an Flaschen- und Ampullen-Behandlungsmaschinen für die pharmazeutische Industrie
1956, 48 Seiten, 24 Abb., DM 11,70

HEFT 212
Dipl.-Ing. H. Spodig, Selm
Untersuchung zur Anwendung der Dauermagnete in der Technik
1955, 44 Seiten, 25 Abb., DM 9,80

HEFT 295
Prof. Dr.-Ing. H. Opitz und Dipl.-Ing. H. Axer, Aachen
Untersuchung und Weiterentwicklung neuartiger elektrischer Bearbeitungsverfahren
1956, 42 Seiten, 27 Abb., DM 10,30

HEFT 298
Prof. Dr.-Ing. E. Oehler, Aachen
Untersuchung von kritischen Drehzahlen, die durch Kreiselmomente verursacht werden
1956, 50 Seiten, 35 Abb., DM 13,15

HEFT 384
Prof. Dr.-Ing. H. Opitz, Aachen
Schwingungsuntersuchungen an Werkzeugmaschinen
1958, 66 Seiten, 73 Abb., DM 20,40

HEFT 412
Prof. Dr.-Ing. H. Opitz, Aachen
Kennwerte und Leistungsbedarf für Werkzeugmaschinengetriebe
1958, 72 Seiten, 35 Abb., DM 17,20

HEFT 506
Prof. Dr.-Ing. W. Meyer zur Capellen, Aachen
Der Flächeninhalt von Koppelkurven. Ein Beitrag zu ihrem Formenwandel
1958, 74 Seiten, 26 Abb., DM 21,50

HEFT 533
Prof. Dr.-Ing. H. Opitz und Dipl.-Ing. W. Hölken, Aachen
Untersuchung von Ratterschwingungen an Drehbänken
1958, 70 Seiten, 44 Abb., 2 Tabellen, DM 19,70

HEFT 606
Oberbaurat Prof. Dr.-Ing. W. Meyer zur Capellen, Aachen
Eine Getriebegruppe mit stationärem Geschwindigkeitsverlauf
1958, 34 Seiten, 21 Abb., DM 10,50

HEFT 631
Dr. E. Wedekind, Krefeld
Der Einfluß der Automatisierung auf die Struktur der Maschinen- und Arbeiterzeiten am mehrstelligen Arbeitsplatz in der Textilindustrie
1958, 72 Seiten, 32 Abb., 8 Tabellen, DM 21,10

HEFT 667
Prof. Dr.-Ing. H. Opitz und Dipl.-Ing. H. de Jong, Aachen
Schwingungs- und Geräuschuntersuchung an ortsfesten Getrieben
1959, 32 Seiten, 28 Abb., 2 Tabellen, DM 10,30

HEFT 668
Prof. Dr.-Ing. H. Opitz, Dipl.-Ing. G. Ostermann und Dipl.-Ing. M. Gappisch, Aachen
Beobachtungen über den Verschleiß an Hartmetallwerkzeugen
1958, 38 Seiten, 26 Abb., DM 12,—

HEFT 669
Prof. Dr.-Ing. H. Opitz, Dipl.-Ing. H. Uhrmeister und Dipl.-Ing. K. Jüstel, Aachen
Aufbau und Wirkungsweise einer Magnetbandsteuerung
1958, 50 Seiten, 39 Abb., DM 15,—

HEFT 670
Prof. Dr.-Ing. H. Opitz und Dipl.-Ing. W. Backé, Aachen
Untersuchung von Kopiersteuerungen
1959, 70 Seiten, 54 Abb., DM 18,80

HEFT 671
Prof. Dr.-Ing. H. Opitz, Dr.-Ing. R. Piekenbrink und Dipl.-Ing. K. Honrath, Aachen
Untersuchungen an Werkzeugmaschinenelementen
1959, 70 Seiten, 71 Abb., DM 20,—

HEFT 672
Prof. Dr.-Ing. H. Opitz, Dipl.-Ing. H. Heiermann und Dipl.-Ing. B. Rupprecht, Aachen
Untersuchungen beim Innenrundschleifen
1959, 34 Seiten, 50 Abb., DM 11,50

HEFT 673
Prof. Dr.-Ing. H. Opitz, Dipl.-Ing. H. Obrig und Dipl.-Ing. K. Ganser, Aachen
Die Bearbeitung von Werkzeugstoffen durch funkenerosives Senken
1959, 60 Seiten, 41 Abb., 1 Tabelle, DM 18,—

HEFT 676
Prof. Dr.-Ing. W. Meyer zur Capellen, Aachen
Harmonische Analyse bei Kurbeltrieben.
I. Allgemeine Zusammenhänge
1959, 38 Seiten. 10 Abb., DM 11,50

HEFT 695
Dr.-Ing. W. Herding, München
Die Fahrdynamik und das Arbeitsspiel gleisloser Erdbaugeräte als Kalkulationsgrundlage für die Bodenförderung und ihre Kosten
1960, 178 Seiten, 89 Abb., 18 Tabellen, DM 49,—

HEFT 718
Prof. Dr.-Ing. W. Meyer zur Capellen, Aachen
Harmonische Analyse bei Kurbelschleife
I. Die Bewegungsverhältnisse
1959, 110 Seiten, 54 Abb., DM 29,20

HEFT 764
Prof. Dr.-Ing. H. Opitz, Dr.-Ing. H. Siebel und Dipl.-Ing. R. Fleck, Aachen
Keramische Schneidstoffe
1959, 30 Seiten, 18 Abb., DM 9,80

HEFT 772
Prof. Dr.-Ing. W. Meyer zur Capellen
Nomogramme zur geneigten Sinuslinie
1959, 28 Seiten, 11 Abb., DM 8,50

HEFT 775
Prof. Dr.-Ing. H. Opitz
Automatische Erfassung der Maßabweichung der Werkstücke zum Zweck der selbständigen Korrektur der Maschine
1959, 38 Seiten, 27 Abb., DM 11,40

HEFT 777
Prof. Dr.-Ing. H. Opitz und Dipl.-Ing. P.-H. Brammertz, Aachen
Werkstückgüte und Fertigkeitskosten beim Innen-Feindrehen und Außenrund-Einsteckschleifen
1959, 92 Seiten, 68 Abb., DM 25,30

HEFT 788
Prof. Dr.-Ing. Herwart Opitz, Aachen
Der Einsatz radioaktiver Isotope bei Zerspannungsuntersuchungen
1959, 36 Seiten, 23 Abb., DM 11,30

HEFT 794
Dipl.-Ing. Reinhard Wilken, Düsseldorf
Das Biegen von Innenborden mit Stempeln
1959, 82 Seiten, DM 22,40

HEFT 801
Baurat Dipl.-Ing. Gesell, Duisburg
Ersatz von Quarzsand als Strahlmittel
1960, 66 Seiten, 12 Abb., 4 Tabellen, 17 Diagramme, DM 18,90

HEFT 803
Prof. Dr.-Ing. W. Meyer zur Capellen und Dipl.-Ing. E. Lenk, Aachen
Harmonische Analyse bei Kurbeltrieben. Teil II: Gleichschenklige Getriebe
1960, 69 Seiten, 15 Abb., DM 18,40

HEFT 804
Prof. Dr.-Ing. W. Meyer zur Capellen und Dipl.-Ing. W. Rath, Aachen
Die geschränkte Kurbelschleife. Teil II: Die Harmonische Analyse
1960, 66 Seiten, 14 Abb., DM 18,90

HEFT 806
Prof. Dr.-Ing. H. Opitz u. a., Aachen
Untersuchungen von Zahnradgetrieben und Zahnradbearbeitungsmaschinen
1960, 95 Seiten, 81 Abb., DM 29,30

HEFT 809
Prof. Dr.-Ing. H. Opitz und Dipl.-Ing. H. H. Herold, Aachen
Untersuchung von elektro-mechanischen Schaltelementen
1960, 35 Seiten, 16 Abb., DM 11,—

HEFT 810
Prof. Dr.-Ing. H. Opitz und Dr.-Ing. N. Maas, Aachen
Das dynamische Verhalten von Lastschaltgetrieben
1960, 97 Seiten, 77 Abb., DM 29,50

HEFT 811
Prof. Dr.-Ing. H. Opitz und Dipl.-Ing. H. Bürklin, Aachen
Fa. Schoppe & Faeser, Minden, bearbeitet im Auftrage des Forschungsinstitutes für Rationalisierung in Aachen
Über Weggeber für automatisch gesteuerte Arbeitsmaschinen
in Vorbereitung

HEFT 820
Prof. Dr.-Ing. H. Opitz, Dipl.-Ing. H. Rohde und Dipl.-Ing. W. König, Aachen
Untersuchungen der Spanformung durch Spanbrecher beim Drehen mit Hartmetallwerkzeugen
1960, 35 Seiten, 16 Abb., DM 15,80

HEFT 830
Prof. Dr.-Ing. H. Opitz und Dipl.-Ing. W. Backé, Aachen
Automatisierung des Arbeitsablaufes in der spanabhebenden Fertigung

HEFT 831
Prof. Dr.-Ing. H. Opitz, Dr.-Ing. H.-G. Rohs und Dr.-Ing. G. Stute, Aachen
Statistische Untersuchungen über die Ausnutzung von Werkzeugmaschinen in der Einzel- und Massenfertigung
1960, 38 Seiten, 32 Abb., DM 13,—

HEFT 864
Prof. Dr.-Ing. H. Opitz, Aachen
Funkenarbeit und Bearbeitungsergebnis bei der funkenerosiven Bearbeitung
1960, 44 Seiten. 19 Abb., DM 13,10

HEFT 873
Prof. Dr.-Ing. W. Meyer zur Capellen und
Dipl.-Ing. W. Rath, Aachen
Kinematik der sphärischen Schubkurbel
1960, 38 Seiten, 13 Abb., DM 11,20

HEFT 887
Baurat Dipl.-Ing. W. Gesell, Duisburg
Arbeiten mit Preß-Formmaschinen unter Normal-Bedingungen und bei hohen spezifischen Preßdrucken

HEFT 898
Prof. Dr.-Ing. H. Opitz und H. de Jong, Aachen
Untersuchung von Zahnradgetrieben und Zahnradbearbeitungsmaschinen in Zusammenarbeit mit der Industrie

HEFT 900
Prof. Dr.-Ing. H. Opitz und Dr.-Ing. J. Bielefeld, Aachen
Automatisierung der Werkzeugmaschine für die spanabhebende Bearbeitung

HEFT 901
Prof. Dr.-Ing. H. Opitz, Dr.-Ing. J. Bielefeld und
Dipl.-Ing. W. Kalkert, Aachen
Lebensdauerprüfung von Zahnradgetrieben

Ein Gesamtverzeichnis der Forschungsberichte, die folgende Gebiete umfassen, kann bei Bedarf vom Verlag angefordert werden:
Acetylen / Schweißtechnik – Arbeitspsychologie und -wissenschaft – Bau / Steine / Erden – Bergbau – Biologie – Chemie – Eisenverarbeitende Industrie – Elektrotechnik / Optik – Fahrzeugbau / Gasmotoren – Farbe / Papier / Photographie – Fertigung – Gaswirtschaft – Hüttenwesen / Werkstoffkunde – Luftfahrt / Flugwissenschaften – Maschinenbau – Medizin / Pharmakologie / Physiologie – NE-Metalle – Physik – Schall / Ultraschall – Schiffahrt – Textiltechnik / Faserforschung / Wäschereiforschung – Turbinen – Verkehr – Wirtschaftswissenschaften.

If you have any concerns about our products,
you can contact us on
ProductSafety@springernature.com

In case Publisher is established outside the EU,
the EU authorized representative is:
**Springer Nature Customer Service Center GmbH
Europaplatz 3, 69115 Heidelberg, Germany**

Printed by Libri Plureos GmbH
in Hamburg, Germany